本书系2011年度教育部人文社会科学研究青年基金项目"英国科研评估体制下研究型大学学科发展机制研究"（11YJC880003）的最终成果，北京市教育科学"十二五"规划2011年度青年专项课题"英国科研评估制度对北京高校学科发展的启示与借鉴"（CDA11089）的阶段性成果，对外经济贸易大学2013年度党建研究课题"我国高校学术评价创新机制研究"（DJ20130209）的最终成果。

Yingguo Keyan Pinggu Zhidu yu
Daxue Xueke Fazhan

英国科研评估制度与大学学科发展

常文磊/著

教育科学出版社
·北京·

作 者 简 介

　　常文磊，男，1977年出生，河南社旗人。2006年6月毕业于南京大学教育研究院，获教育学硕士学位；2010年9月毕业于清华大学教育研究院，获教育学博士学位。现为对外经济贸易大学学科建设办公室助理研究员。在《清华大学教育研究》、《外国教育研究》等期刊发表学术论文10余篇，目前承担教育部人文社会科学研究青年基金项目1项、北京市教育科学规划青年专项课题1项。

摘　要

英国是欧洲国家中首先制定一套完整高等教育评估制度的国家。英国科研评估由高等教育基金委员会组织实施，每隔几年在全英国范围内进行一次。高等教育基金委员会对英国高等教育机构递交的不同形式的科研成果进行评价，并将评估结果分为不同的等级，然后根据评估结果分配之后几年的高校科研经费。由于科研经费的主要获得者是那些科研质量高的一流大学，所以，本书以英国一流大学为样本来研究科研评估制度对大学学科发展的影响机制，并尝试评价科研评估制度的实施效果，期冀为我国大学的学科发展提供可资借鉴的经验。

为了考察英国科研评估制度对大学学科发展的具体影响，本书主要利用了 2001 年和 2008 年两次评估中部分学科所提交的科研评估材料。通过对英国三所一流大学三个学科的科研评估材料的文本解读，本研究分析了大学学科科研评级的决定性因素，考察了科研评估对原创性科研成果的评价情况，并探讨了科研评估对大学学科发展的具体影响及对我国大学学科发展的启示。

本书的主要研究结论如下：

（1）影响科研评估制度出现的宏观因素包括新公共管理思潮、撒切尔主义及高等教育大众化；（2）英国科研评估制度路径选择的实质是对当时英国经济领域市场化改革路径的依赖；（3）英国高等教育场域是大学行动者与社会经济条件之间的中介环节，政治、经济等场域是通过科研评估制度对大学及其学科组织产生影响的；（4）一流大学行动者拥有的文化资本和社会资本在科研评估中实现了向经济资本的转化，而经济资本的优势又可以强化其所拥有的文化和社会资本优势；（5）大学学科科研评级的主要决定因素是科学研究成果的数量与质量；（6）科研评估并没有较好地实现制度设计的初衷之一即评价并鼓励原创性的科研成果；（7）科研评估促使大学学科组织采用许多科研评估策略，加强研究管理工作，进行结构重组与变革，并引发大学及其学科组织之间的人才争夺战；（8）大学学科组织在科研评估中一般都采用了"算计路径"的策略；（9）大学学科组织中普遍出现了"研究管理文化"。

英国科研评估制度对改进我国哲学社会科学评价的借鉴意义在于：（1）建立非官方中介评估机构；（2）对不同层次的大学进行分类管理与评估；（3）成果评价的质量与数量并重；（4）加强评估过程的公正公开性；（5）不断追求创新与卓越。英国研究型大学学科发展经验对我国高校的启示是：（1）确立学科发展重点，实现重点突破；（2）把握学科发展潮流，重新整合研究群组；（3）积极鼓励跨学科研究，培育新的学科生长点；（4）认真推行学术休假；（5）对年轻/新研究者加大支持力度；（6）注重研究生培养工作；（7）配置专职教学人员。

关键词：英国；科研评估制度；大学；学科；影响；启示

Abstract

Britain is the first country that has constituted a whole evaluation system of higher education in Europe. The Research Assessment Exercise (RAE) was developed by the Universities Grants Committee (UGC) in 1986, and now has been devolved on to the Higher Education Founding Council of England (HEFCE). As an institution to distribute the research outlay to higher education institutions, RAE is carried out every 4 – 5 years when the experts of the RAE panels evaluate the research outcomes (articles, books, monographs, patents etc) carefully and then grade the outcomes of each disciplines of British higher education institutions. Since HEFCE allots the research funding to higher education institutions according to the research grades of the disciplines in the RAE, and the first – class universities always are the main receivers, we decide to choose some first – class samples to research into the effects of the RAE on the development of the disciplines in British universities and evaluate the effectiveness of the RAE, willing to provide some suggestions to the development of the disciplines in Chinese universities.

We have mainly made use of the materials of three disciplines in the RAE databases of 2001 and 2008 to examine the real and detailed effects of the RAE on the development of disciplines of the first – class universities in the United Kingdom of Great Britain and Northern Ireland (UK). The focus of our research is on the crucial factors deciding the research grades in the RAE and the effects of the RAE on the development of the disciplines. And we are also eager to make sure whether the RAE has evaluated and stimulated the original research works.

The main conclusions drown from the research are as follows:

Firstly, the Research Assessment Exercise was affected by the New Public Management (NPM), Thatcherism and the popularization of British higher education in 1980s. Secondly, "path dependence" occurred in the Research Assessment Exercise. Thirdly, the political "field" and economical "field" influence the higher education "field" by way of the Research Assessment Exercise. Fourthly, the cultural capital and social capital of the first-class universities and its departments has been transformed to the economical capital and the advantage of the economical capital is able to strengthen the advantage of the cultural capital and social capital in RAE as well. Fifthly, the deciding factor in the RAE is the number and the quality of the research outcomes that the departments of the universities have returned to the RAE panels and sub-panels. Sixthly, the original research works have not been evaluated and stimulated adequately in the RAE as well as planned. Seventhly, the effects that the RAE has on the development of the disciplines include: the departments always take strategies to get higher research grades and restructure even reorganize the departments and the research groups, universities and the departments have strived for the research active staff. Eighthly, the schools and departments always take the "Calculative Approach" in RAE. Ninthly, the research management culture has generally formed in the schools and departments of the universities.

The inspirations of RAE to the improvement of the evaluation of Chinese-philosophy and social sciences can be summarized as follows: firstly, to establish non – governmental evaluation organizations; secondly, to manage and evaluate the different types of the universities and colleges; thirdly, to equate quality with quantity of the productions; fourthly, to make the process of evaluation more openly and equally; fifthly, to pursue creativeness and excellence for ever. And the implications of the practice of the disciplines of British research universities to Chinese research universities can be concluded as follows: firstly, to concentrate the strengths of the disciplines on some research areas and give priority to them so as to achieve greater success; secondly, to grasp the trend of the cureent sciences and the disciplines and reorganize the research clusters; thirdly, to encourage the transdiciplinary research actively and foster potential areas; fourthly, to bring Sabbatical Leave into effect seriously; fifthly, to pay more attention to young or new researchers and give them more support; sixthly, to attach more importance to the training and supervision of the postgraduates; seventhly, to employ the full time techers of teaching only.

Key Words: UK; Research Assessment Exercise (RAE); universities; disciplines; effects; implications

目　录

序

　　学术研究与知识创新是21世纪国际竞争力的关键要素。而这些活动的主要场所在大学，因此如何对大学的科研状况和质量进行评估，并以评估为手段，刺激大学的科研创新，提升学术生产力，成为各国政府在高教领域内的政策重点。常文磊的著作《英国科研评估制度与大学学科发展》是在其博士论文的基础上修改充实而成。作为导师，我见证了文磊为这一研究付出的心血，而且也亲历了这一研究从最初孕育构思、片段章节的撰写、不断调整修改，甚至推倒重来的全过程。这一过程不但对于学术界的研究新手来说充满艰辛痛苦，对于导师也极具挑战性。在这一过程中，我们不断地质疑和争论，特别是作为导师的我，经常扮演"挑刺者"的角色，有时搞得文磊为回答我的刁钻问题而彻夜难眠。然而，在整个过程中，至少在一个问题上，我们之间毫无争议，这就是作为研究者对国外大学的科研评估制度进行深度案例研究的必要性和重要性。

　　由于现代大学所承担的传授已知、更新旧知、开掘新知、探索未知的功能与特性，由于世界知识生产方式的变化及知识产品类型的丰富和多样，由于科学技术领域的突破性成果对国家文明与人类进步的巨大推动作用，由于科学研究成果的溢出效应和非排他性特征使其回报与补偿难以通过普通的市场交易机制来实现，以及其他许多可以列出的原因，如何对知识产品和成果价值进行判断，如何对包括大学在内的科研工作者及组织绩效进行评估，如何在复杂系统内对知识生产部门进行科学管理与评价，成为当代社会最具挑战性的问题之一。各国政府以及各类科研团体、社会组织和个人都高度关注，并积极致力于改革和完善已有科学评价体系，设计和建设新的、适应新型知识生产方式需要的评价方式。

在现代知识社会，评价也是生产力，科学有效的评价制度本身就是科学研究的直接结果，是支撑现代科学研究和知识生产不可缺少的基础性建设，也是激励科研工作者创造热情，提升科研成果质量与水平的积极因素和制度正能量。构建并完善大学科研评价体系是现代大学制度建设的重要组成部分。

近代以后，西方国家的科学事业比较发达，科研评价和管理系统也相对成熟，与此相匹配，西方学界对科学评价、科研管理及"科学的制度性规范"问题也有更深入系统的研究。社会学家默顿早就提出：科学不仅是一种独特的、不断进化的知识体系，还是一种具有独特规范框架的"社会制度"。默顿等人把科学共同体的"承认"看作一种财产；努力获得这种"承认"，成为科学家进行科学知识生产的重要动力；由科学从业人员所构成的"学术共同体"正是通过评价使科学研究成果不仅在学术圈内得到认可，而且赋予科学思想和独特发现以社会上的"制度性价值"。

英国是近代科技文明比较发达的国家，也是较早开始对大学科研工作进行制度性评估的国家。1986年英国首次对大学进行科研评估考核（RAE），出台一套清晰、正规的评估方案及操作程序安排。1989年、1992年、1996年英国又连续三次对大学科研进行评估考核，并逐渐形成更加透明、综合的科研评估系统。2001年的第五次评估囊括了来自173所高等教育机构的约五万名研究者提交的2598份研究。大学科研评估考核也成为高等教育机构了解自身研究质量的主要途径。2008年12月18日，英国公布了第六次RAE评估结果。此后，英国将采用新的科研质量评估系统。

　　本书从英国大学科研评估制度出现的外在宏观因素，如高等教育大众化进程、新公共管理思潮及撒切尔主义的形成入手，以英国一流大学为样本，主要利用 2001 年和 2008 年两次评估中部分学科所提交的科研评估材料，通过对英国三所一流大学三个学科的科研评估材料的文本解读，分析科研评估在英国大学内的实施效果，研究科研评估制度对英国大学学科发展产生影响的机制。作者明确指出：英国的大学科研评估制度是当时英国经济领域市场化改革路径依赖和选择的结果；英国的政治、经济力量正是通过科研评估制度对大学及其学科组织产生影响的；而英国的高等教育场域是联结大学行动者与社会经济因素的中介环节，具有将外部社会因素重新形塑并以大学可以接受的方式影响大学的力量；一流大学所拥有的文化资本和社会资本优势在科研评估的制度安排中实现了向经济资本的转化，并强化了其在系统内外的全方位优势。

　　当然，由于作者在研究期间并未亲身到英国大学进行实地研究，研究主要建立在作者可获得的中外文资料的基础之上，因此，研究还大有完善和深入的空间。

　　目前，作者已结束博士阶段的训练，在著名大学的学科管理研究部门工作。英国也已经用卓越研究框架（Research Excellence Framework，REF）接替 RAE，形成新的高等教育机构研究质量评估系统。

　　希望文磊能继续自己的研究工作，不仅做到更全面深入地揭示英国大学科研评价体制的发展演变，而且努力将研究心得运用于我国大学科研评价体系的建设与完善过程之中。

　　期待着文磊不断有新的研究成果问世。

史静寰

2014 年 1 月 6 日

第一章　引　言

第一节　研究背景及意义

一、研究背景

20世纪80年代以来，由于社会的变迁、产业的转型和观念的更新，各国高等教育受到了强大的冲击，出现了从"精英"走向"普及"、从"管制"走向"开放"、从"一元"走向"多元"的趋势。同时，在教育机会大幅提高之际，各国政府普遍感受到严重的财政压力，教育经费的增长远低于需求，导致高等教育机构间为有限的教育资源展开竞争，因而市场导向逐渐支配了高等教育机构的发展。因此，各国政府最重视的政策议题遂成为要求大学教育在追求"量"的扩充之余更重视"质"的提高，并关注大学教育的透明度与绩效责任。鉴于社会大众对教育质量重视程度有增无减，欧美发达国家遂将教育评估视为提升教育质量的重要策略，除实施校务评估、方案评估和人员评估之外，政府还资助学者们开展教育评估相关的研究。与此同时，由于受到国际竞争的压力，所以近年来欧美国家开始将原用于企业的成本效益、质量管理等观念运用在高等教育机构（陈立轩，2007）[1-2]。

　　高等教育评估制度的理念与实践均源于西方国家，1910 年美国医学协会（American Medical Association, AMA）公布了世界教育史上第一份大学评估报告书，而英国则是欧洲国家中首先制定一套完整高等教育评估制度的国家（陈立轩，2007）[15]。在英国高等教育迅速扩充，然而政府财政日益衰退的情况下，加之受到市场化、国际化与标准化的影响，以及追求卓越等竞争机制的激励，英国开始关注高等教育评估制度的重要性，于是国家级监控机制便悄然成形。而大学在追求卓越的驱使下，逐渐将竞争与商业文化套在学术发展上，并以"绩效"（performativity）指标来驱动、评估和比较教育的产出（余竹郁，2006）[3-4]。

　　英国高等教育评估制度分为科研评估（Research Assessment Exercise, RAE）与教学评估，前者是由英国高等教育基金委员会（Higher Education Funding Council, HEFC）组织实施，后者则是由高等教育质量保障局（Quality Assurance Agency, QAA）负责。高等教育质量保障局（QAA）成立于 1997 年，主要针对高等教育机构进行质量保障的确认工作（例如教学评估活动），以提升高等教育的教学和学习的质量并鼓励在高等教育质量的管理方面进行持续性的改进，以及为政府及社会大众提供参考的凭据（QAA，2007）。不过，英国高等教育的教学评估并不是高等教育基金委员会为高校分配经费的依据。而高校科研评估活动则是由英国高等教育基金委员会组织实施的，每隔几年在全英国范围内进行一次。高等教育基金委员会采用以学科为基础的同行专家评议方法，即聘请在各研究领域的著名专家对本领域内同行的工作水平进行评估，对英国高等教育机构递交的不同形式的科研成果进行评价，并将评估结果分为不同的等级，然后根据评估结果分配之后几年的高校科研经费。随着实践的发展，评估结果也开始被英国其他评估组织或机构（例如工商界、研究委员会和慈善基金会等）所用。由于结果还向公众公布，并经常被引用到媒体对大学的排名中，所以刺激了高校在科研和人才方面的竞争，在促进高等教育研究质量的提高方面发挥了重要作用。自从 1986 年首次实施以来，至今科研评估已经走过了 20 多年，共进行了六次评估，分别是 1986 年、

1989 年、1992 年、1996 年、2001 年和 2008 年评估（以评估结果公布的年份命名）。

那么，英国科研评估制度为什么出现在 20 世纪 80 年代呢？

有研究者认为：在经历了 20 世纪 60 年代的高教大发展之后，20 世纪七八十年代，英国经济状况恶化，高教资源受到了限制，于是政府在压缩高等教育经费的同时，要求高校提高质量和效率。政府通过制定学术标准加强对大学的质量管理，通过高等教育投资机构加强质量控制（金顶兵，2005），科研评估制度应运而生。这表明，随着英国高等教育从精英教育向大众教育转变，政府加强了经费分配的选择性，高教拨款机制日益体现出了市场化的倾向（汪利兵，1994）[1]。

英国科研评估（RAE）的主要目标是维持并提升英国在国际学术研究中的地位，提升学术人员的声望，并使研究的利益反映社会与经济发展的需求，追求学术卓越，并根据研究评估来反映大学研究的动态性环境与成果，以作为高等教育基金委员会计算各大学研究经费资助的依据。英国大学在科研评估中的学科排名变化情况对于大学及其学科发展影响深远，各大学行动者相继制定了相应的应对策略。此外，高校也可以根据学科的科研评估结果，将校内的学科布局进行调整和重组，对资源（经费、教师和设施等）进行重新分配。

但是，随着科研评估的实施，该制度也暴露出一些弊端，产生了一些负面影响。于是，英格兰高等教育基金委员会开始研制、开发新的科研评估方法，即卓越研究框架（Research Excellence Framework，REF），而且已在部分高校进行试点，决定在 2014 年以后逐步推广实施，以代替目前的科研评估活动。因此，在英国科研评估制度（RAE）即将进行重大改革之时，全面考察、评价该制度正恰逢其时。

二、研究意义

教育评估是教育科学的一个重要分支学科。教育评估的研究已经成为当今世界上教育科学探究的三大领域（即教育基础理论研究、教育发展研究和教育评估研究）之一。（王战军，2000）[1]随着世界高等教育由精英走向大众甚至向普及化发展，如何改善大学教育教学质量，已经成为世界性的大学改革课题（李昕，2009）。那么，以什么标准来监控和评估大学教育教学质量和科研质量呢？

我国的高等教育评估工作始于 20 世纪 80 年代中期，以中美教学评估研讨会的召开为标志。1990 年国家发布了《普通高等学校教育评估暂行规定》，1994 年开始有计划、有组织地实施普通高等学校评估工作。2004年，教育部高等教育教学评估中心正式成立，我国高等教育的评估工作开始走向规范化、科学化、制度化和专业化（冯东梅，鲁艺，2008）。经过多年的实践探索，我国高等教育评估工作已经成为国家对高等教育进行宏观调控的重要手段以及高等教育质量监控体系的重要内容。然而，我国当前的评估工作也还存在着不少问题，如：系统设计不足，行政色彩较浓；政府评估存在临时性和短效性的问题，社会评估缺乏准确性和权威性；评估指标较细，评估过程过于烦琐；等等。因此，有必要加强对评估工作的整体设计（范文曜，马陆亭，2004）[13]。总的来看，我国的高等教育评估工作起步较晚，而英、美等国的许多经验值得我们借鉴。

科研评价是对科研过程及其目标进行价值判断的过程。我国高校的科研评价大约经历了行政评价、同行评议、指标量化评价和国际科研计量评价等四个阶段。尽管行政评价、同行评议、指标量化评价等评价方法在特定的发展时期对高校科研工作的发展起到了积极的促进作用，但随着科研事业的发展，这些评价方法的弊端日益显现。如长官意志、缺乏公认的评价标准等等（杜伟锦，2004）。为此，学习、借鉴发达国家科研评估的经验与做法对完善我国的科研评估大有裨益。而英国科研评估制度正是为了提高大学科学研究的质量才制定的，并且在其实施的 20 多年内，提高了英国大学在绝大多数顶尖研究领域里的研究质量（Evidence Ltd，2002）。因此，研究英国科研评估制度并尝试全面评价其实施效果，具有深远的理论与现实意义。

第二节　问题提出

　　既然本书已经将英国科研评估制度确定为研究的目标，那么接下来就需要选择研究的切入点和突破口了。作为一项实施了 20 多年的大学评估制度，科研评估有很多值得关注的地方，例如评估小组的人员构成、评估的指标体系、评估的具体操作等等。但是，笔者认为，这些都不是科研评估制度的精髓和灵魂，而其对大学学科发展的影响才是理解该制度的关键。英国有 110 多所大学，目标群体的选择遂成为下一个棘手的问题。鉴于科研评估是通过评估大学学科的科学研究成果并给出评分以作为向大学分配科研经费的依据，而科研经费的主要获得者是那些科研质量高的一流大学。所以，本书将科研评估制度与大学学科发展研究的切入点确定为科研评估对英国一流大学学科发展的影响。

　　那么，什么是英国的一流大学①呢？笔者认为，英国的"罗素联盟"（The Russell Group）大学在英国的地位类似于美国的"常青藤联盟"大学，堪称英国的一流大学。此判断依据将在对研究的核心概念进行界定时予以详述。由于作为一流大学代表群体的"罗素联盟"大学是英国高等教育基金委员会根据科研评估结果拨付的科研经费和研究委员会划拨的研究项目经费的主要接受者，所以，通过考察"罗素联盟"大学在科研评估视域里的学科发展情况，来研究科研评估制度对英国大学学科发展的影响，并进而探究科研评估制度与大学学科发展的关系，就显得相当合理了。

　　本书认为，研究英国科研评估制度视域中一流大学学科发展的关键，是通过翔实的资料和数据深入分析科研评估与"罗素联盟"大学学科之

---

　　① 清华大学教育研究院王战军教授认为：一流大学是一个动态发展中的比较性概念，它可以是高等教育机构各类型间的比较，也可以是地理范围之内大学间的比较，也可能是在学科等层面上的比较。其实所谓一流是人们心目中的一个比较，在大学运作的各个层面都可能进行比较，只要居于领先地位，我们就可以说它是一流的。

间的互动机制。为了使抽象的问题具体化，我们将在理清英国大学的科研拨款体制，了解科研评估制度（RAE）出现的深层背景的基础上，提出下列两个问题作为思维的脉络：

（1）英国科研评估制度是否实现了设计初衷？

科研评估制度的实施效果如何？其实际运行效果是否符合制度设计的初衷？

（2）英国科研评估制度对一流大学学科发展的影响机制是什么？

科研评估制度对一流大学的学科发展产生了什么影响？在科研评估体制下，大学学科组织的运行状况如何？

下面将首先回顾科研评估制度、大学学科已有的研究文献，然后对核心概念进行界定。最后在前人研究的基础上，根据本书的研究问题，认真构思，提出本书的理论框架，并对理论框架做出相应的解释。

第三节　文献综述

国内已有的英国高等教育研究专著大都材料陈旧，研究的时间界限一般在20世纪90年代之前。而在英国高等教育财政或者拨款体制方面，只有少数的研究是近十多年内的，例如汪利兵的《中英高等教育拨款机制比较研究》（1994），范文曜、马陆亭的《国际视角下的高等教育质量评估与财政拨款》（2004）等；研究论文主要有：《英国政府对大学科研的资助体系》（湛毅青，2006）、《评估与竞争：英国高校科研拨款的基础与原则》（王璐，等，2008）等。汪利兵的《中英高等教育拨款机制比较研究》（1994）是目前见到的最早的一篇系统研究英国高等教育拨款体制的博士论文。可喜的是，近年来国内研究者已经注意到了英国高等教育研究匮乏的问题，开始不断进行该方面的探索，例如2004年张建新的《英国高等教育从二元制到一元制变迁的研究》、2005年田凌辉的《利益关系的调整与重塑》、2006年高耀丽的《英国高等教育管理机制改革研究》、2008年梁淑红的《利益的博弈：英国高等教育大众化政策的制定过程研究》等。

那么，国内外学术界对于英国科研评估制度及大学学科发展的研究情况如何呢？本部分将首先回顾英国科研评估制度的研究现状，然后再从学科入手，简述国内外的大学学科研究成果。

一、对科研评估制度的研究

随着英国科研评估的实施，国内外学术界对之一直密切关注，并且从理论和实践上对该制度进行了深入的研究。英国大学的科研评估是英国高等教育现代化过程的重要组成部分，成为对学术机构影响最大的制度之一。20 多年来的科研评估制度研究（由于 2008 年评估结果公布不久，因此学者们的研究大都集中在前五次评估），大体上可以分为四个方面，即：科研评估的运行机制和影响因素；科研评估的数据结果分析；院校和学系的科研评估策略研究；科研评估制度的影响及改进（常文磊，2009b）。

（一）科研评估（RAE）的运行机制和影响因素

关于英国科研评估运行机制，已有的研究主要集中在科研评估的衡量标准、以科研评估成绩为基础的拨款模式等方面。有研究发现：虽然科研评级主要是由学术界通过同行评议的方式确定的，但是政治因素却掌控着如何利用科研评估成绩向大学拨付研究经费。

亨克·F. 穆德（Henk F. Moed，2008）对近 20 年来英国科学研究的纵向分析表明，在前几次的科研评估（1992、1996 和 2001 年评估）中有两种衡量标准：1992 年评估注重成果发表"数量"，1996 年标准从"数量"转向了"质量"，而 2001 年的侧重点再次从"质量"转回了"数量"。穆德的研究表明了英国科研评估的衡量标准在 20 年间发生了"数量"→"质量"→"数量"的转向轮回。阿米恩·埃利·泰勒比（Ameen Ali Talib，1999）认为在科研评估中要做好两方面工作才可能取得好成绩：首先，权衡"数量与质量"，即决定将要提交"谁"作为研究活跃型人员参与评估；其次，将评估材料提交给哪个评估小组，即选择向"哪里"提交本单位的评估材料。

科研评估的成绩与大学获得的科研拨款数目直接挂钩，向大学拨款的机构主要是英国高等教育基金委员会和研究委员会（Research Councils of the United Kingdom，RCUK）。无论是高等教育基金委员会的科研拨款，还是各研究委员会的科研项目合同拨款，都是以全国科研评估成绩为基础进行的。英国的四个高等教育拨款机构（HEFCE、SHEFC、HFCW、DEL）的科研拨款都是独立地分别进行的，其辖区内的大学仅仅接受各自基金委员会拥有的可供分配的经费。威尔士、苏格兰、英格兰和北爱尔兰之间的研究经费并不存在竞争关系，四个区域的大学在研究拨款上并未有直接的区域间的竞争，仅在区域内部竞争。尽管如此，莫诺吉特·查特基和保罗·西蒙（Monojit Chatterji & Paul Seaman，2007）比较英格兰和苏格兰两种拨款模式下的模拟数据发现：英国不同区域接受的模拟拨款数额与实际得到的数额差别很大。例如，无论是用英格兰高等教育基金委员会还是苏格兰高等教育基金委员会的拨款模式，英格兰都得到约1000万英镑的拨款，而苏格兰在英格兰模式下得到约400万英镑的拨款，在苏格兰模式下大约得到700万英镑的拨款。但无论使用哪种模式，威尔士和北爱尔兰都损失惨重（威尔士尤甚）。由此，查特基和西蒙得出结论：英国现行的四个独立的区域性拨款模式对威尔士十分有利，但对苏格兰不利，对英格兰和北爱尔兰不偏不倚。

在稍早进行的另一项类似研究中，莫诺吉特·查特基和保罗·西蒙（2006）认为，虽然以科研评估成绩为基础的拨款模式在一定程度上表明了评估的客观性，但是英格兰高等教育基金委员会和苏格兰高等教育基金委员会采用的科研拨款基准都有缺陷，都是区域化的——没有努力利用英国其他地方的数据，尽管英国所有地方的所有学科都是由共同的科研评估小组评价的。

科研评估作为一项已经推行了20多年的制度，产生了巨大影响。研究者们除了关注科研评估的标准、拨款模式等运行机制之外，还对影响科研评估的因素（主要是政治因素）进行了深入研究。有研究者（高耀丽，2006）[1]从新公共管理的视角系统考察了英国高等教育管理机制改革对高等院校产生的影响，认为在英国政府运用新公共管理理念改革公共部门时，有两大机制——市场运行机制和多元监控机制发挥了关键性作用。其中，市场运行机制包括市场竞争机制和市场交易机制两个方面，在高等教育领域里前者表现为英国政府在经费拨款中创建竞争机制，由此引发高等院校在经费、招生人数和教师等方面的竞争，以提高高等院校的资源使用效率及办学效益。莫诺吉特·查特基和保罗·西蒙的研究（2007）指出，政治因素对科研评估的影响很大：政治家确定了高等教育基金委员会的预算；大学获得的教学与研究拨款的标准，也是开销大的政府部门之间斗争的结果。还有研究者（张建新，2006）[173-183]指出：英国大学基金委员会的成立，极大地削弱了大学自治权。这标志着，在30年的时间里（1963—1992），大学逐渐丧失分享公众拨款的特权，不得不在同样条件下为有限的资源同其他部门进行竞争，因而也更容易受到政治因素的牵制。这一变迁便是英国高等教育从二元制转变为一元制的里程碑。因此，该研究者认为，英国高等教育拨款机构首先是一个"协调机构"（co - ordinational organizaiton），它建立在咨询性权力（consultation regulatory powers）、实际调整权力（de facto regulatory powers）和法定调整权力（jury regulatory powers）这三个基础上。它既协调政府与高等教育的关系，也协调大学与非大学的关系，还协调高等教育与社会的关系。

（二）科研评估（RAE）的数据结果分析

学术界除了早已关注科研评估的观念、机制和结果之外，还对科研评估的数据进行了大量的分析。通过对科研评估单位、学科、评级等数据的统计分析，学者们得出了一些探讨性的结论，并尝试做出了相应的解释。

泰勒比（Talib，1999）、泰勒比和斯蒂尔（Talib and Steele，2000）采用一种技术方法，集中研究了提交科研评估项目的战略决策问题。他们的研究注意到大多数学系都拓展了研究人员的范围，认为需要注意提交项目的数量和质量均值的平衡问题。斯蒂芬·夏普（Stephen Sharp，2004）对 1992 年、1996 年和 2001 年三次科研评估进行了回顾，其结果显示：科研评估的平均等级有了明显提高，尤其是在 1996 年和 2001 年之间。但是各评估单位的上升趋势并不均衡，1996 年和 2001 年评估中各评估单位的平均评级差别非常明显，研究评分高的评估单位提交的评估项目较少。夏普注意到，虽然没有证据显示大学为了提高评级而限制提交评估的人员数量，但是有迹象表明：1996 年评估中成绩不佳的项目更不可能被提交参加 2001 年的评估。在该研究中，夏普主要研究了 1996 年和 2001 年每所大学的研究评级变化、评估单位的变更和评估单位之间的变化等三个问题，并且具体分析了上述变化可能的原因：大学的研究质量确实提高了；大学更注重评估战略，把资源从 1996 年评估成绩不佳的学系向评估级别更高的学系转移，并撤出了成绩不佳的评估单位（从 1996 年到 2001 年，实际提交的评估数目减少了 295 个，降幅达 10.2%，当然并不全是因为成绩不佳）；学系利用以前科研评估的经验为提交评估的项目做了更好的准备，减少了参与评估的人员，并提交了比前几年质量更高的成果；2001 年的科研评估小组采用了更加宽松、降低了的评估标准，导致了评分膨胀。

吉姆·泰勒（Jim Taylor，1995）对 1992 年科研评估结果和一些定量指标进行了统计分析，从多重回归分析中他发现，不同学科与评估指标的统计显著性相差很大：只有社会科学和人文学科的研究评级与著作、短文的关系显著相关（除了少数例外）；同行评议期刊的论文与大多数以自然科学为基础的评估项目和许多社会科学评估项目的研究评级高度相关，但与大部分艺术和人文学科评估项目的研究评级关系不大（历史和哲学是两个非常例外的学科）；同行评议的会议论文只与少数学科显著相关；书评与一些非自然科学评估项目的研究评级显著相关，主要是艺术和人文学科。泰勒的主要发现还有：研究活跃型人数与科研评级之间的关系是非线性的（倒 U 型）；大学大量研究评级的变化仅是由少数变量引起的。衡山惠子（Keiko Yokoyama，2006）总结了 2001 年科研评估与早期评估相比的主要特征：获得全国或者国际优秀的学系从 43% 提高到了 64%；1992 年前大学和 1992 年后大学的研究边界比 1996 年科研评估时模糊多了；提交参与评估的学系和研究者更少了。总之，衡山惠子认为 2001 年科研评估使得研究环境的竞争性程度更高了。

（三）院校和学系的科研评估策略研究

由于英国科研评估成绩与大学获得的研究拨款直接挂钩，这就使得大学和学系为了取得更高的研究评级，纷纷采取应对措施——根据科研评估标准侧重点的变化，相应调整工作重点；在提交科研评估项目时，大学必须找到数量与质量的平衡点，跨学科学系要慎重选择向哪个评估小组提交项目。

科研评估注重什么标准，英国学者们就会相应地向这些标准倾斜。由于 1992 年评估重视"数量"，于是英国科学家发表的成果数量显著地增加了；当 1996 年评估侧重"质量"时，英国研究者便增加了在引用率高的刊物上的成果发表数，而且英国论文的影响逐渐扩大；而在 1997—2000 年间，由于 2001 年评估的侧重点又转回了"数量"，为提高研究活跃型人员的数量，大学和学系采取了下列措施：鼓励自己的成员更密切地合作，或者至少多出些合著，尽管合作并未增加论文总量（Henk F. Moed，2008）。

阿米恩·埃利·泰勒比（1999）认为，在科研评估中取得好成绩的关键是：第一，数量与质量的平衡；第二，选择向哪个评估小组提交评估材料。具体来说，提交较大规模的评估人员，就能提高拨款的容量系数，但是却要冒降低评估质量的风险，而研究评级降低就会使获得的拨款减少；而提交较小规模的评估人员，虽可能提高研究评级，然而大量事实表明，评估小组并不愿意把最高评分给予那些参与评估人员比例较低的学系，即使它们的成果一般都质量较高。因此，大学必须找到数量和质量最佳的平衡点。同时，高等教育领域越来越普遍的跨学科现象使得"决定"向哪个评估小组提交材料变得很复杂。大学和学系的运作正如约翰斯通（Johnston，1994）所说的那样，越来越像办企业，需要评估"市场风险"了。大学在追求数量与质量的平衡和做出向什么评估小组提交材料的"决定"时所面临的不确定性与企业经营的不确定性无异。衡山惠子（2006）为了研究科研评估（RAE）对英国大学学院制和管理主义平衡的影响，选择了四所英格兰大学作为案例，研究了大学和学系2001年的科研评估策略及其对组织文化的影响。她的研究发现，科研评估的主要目的是向英国大学分配研究经费而不是要构建质量文化和质量提高机制，于是大学就把战略重心放在努力吸引卓越的研究者，并用晋升的手段留住国际知名学者，而不是放在内化质量提高体制上。还有研究者指出，英国部分新兴大学开始通过高薪聘请优秀科学家，以提高它们的研究评级（汪利兵，等，2005）。

（四）科研评估制度（RAE）的影响及改进

英国科研评估与高等教育基金委员会的科研拨款挂钩，对组织文化和学术人员都造成了不可低估的影响。具体来说，科研评估对大学战略和学系结构带来了冲击，对学术职业的影响广泛而深远：增大了学术人员的工作量，使他们面临着前所未有的成为"研究活跃型"人员的压力，还造成了研究人员与教学人员之间的冲突。

迈克内（McNay，1997，2003）的研究发现，英格兰的科研评估影响了组织文化。衡山惠子（2006）考察了科研评估下英国大学治理、管理和领导方面的变化。她指出，2001年科研评估引起了城市大学和新大学普遍的文化变化，使得这些大学的管理特色更明显，更以研究为导向。虽然科研评估对不同大学的文化和学院制与管理主义的平衡造成了程度不同的影响，但是它使得大学为了提高科研评级，必须加强科研战略管理。同时，科研评估的实施还在研究积极分子与以教学为主的人员间引起了冲突。帕特·赛克斯（Pat Sikes，2006）采用案例研究法，探究了一所新大学教育学院职员的工作信念和工作阅历。从研究中赛克斯发现，全国和地方政策使高等教育部门发生了变化，并已影响了大多数大学工作人员：原来被聘任为讲师的职员目前正日益面临着要求他们成为"研究活跃型"人员的压力，该要求不仅增加了他们的工作量，改变了其工作方式，而且影响了他们的专业和个人身份认同。G. W. 伯纳德（Bernard，G W，2000）发现，尽管承认科研评估对行为有激励作用且历史学评估小组确立了适当的程序，但是大学的历史学家仍然对科研评估对他们学科的影响感到不安。伯纳德认为，大学管理层把科研评估仅视为捞取好处的权宜之计的做法造成了破坏性的影响——为科研评估而威逼历史学家去创作专著得不到好的研究。另外，为了更加集中有效地使用由评估结果直接导向的研究经费，部分大学还依据校内不同学科评估的结果，对校内学科布局进行了调整和重组（汪利兵，等，2005）。

　　还有的学者从更深层面研究了科研评估在英国高等教育现代化进程中所发挥的作用。玛丽·亨克尔（Mary Henkel，1999）认为，科研评估作为英国高等教育现代化的重要手段，是英国高等教育现代化过程的重要组成部分。在不到十年的时间里，科研评估已经成为对学术机构影响最大的制度之一，其直接影响政府拨款，间接地充当促使学术界名实相符和市场遵守规则的信息媒介。但亨克尔同时冷静地分别从大学、学系和个人三个层面具体探究了科研评估对学术职业的深远影响。由于高等教育基金委员会依据科研评估结果给大学而不是学系拨款，因此到1998年时，大学的学系为提高科研评估成绩，已出现了合并、重组的案例，当然有成功的也有不太成功的；大学参与科研评估更普遍的做法是决定要提交评估的人员，这样做是在挑战学系文化和威胁学术人员的角色定位之间斡旋。在学系层面，科研评估使得人文社会科学学系作为组织集体的特色愈益突出。另外，科研评估因为影响学系获取资源的能力，故而对自然科学家职业认同的影响很可能要比对社会科学家和人文学者的影响更大。最后，亨克尔得出这样的结论：科研评估业已充分改变了大学的科研管理和学系文化，它扰乱了大学、学系、学科和学术人员的关系网，已影响了学术人的专业身份和研究职责。

　　鉴于科研评估在促使大学分层合理化、研究资源集中和研究产出最大化方面发挥的重要作用，及其对英国大学、学系和学术界的积极与消极影响，很多研究者还提出了科研评估未来改进、完善的思路（常文磊，王报平，龙清涛，2009）。

　　泰德·特普尔和布莱恩·萨特（Ted Tapper and Brian Salter，2004）主张，将来的评估要尽可能比过去更重视定量指标（例如，研究收入、文献被引、博士学位的完成情况和注册博士生或博士后数）；科研评估最可能的出路是对目前的模式进行修正。K. J. 摩根（Morgan K J，2004）也建议修正目前的科研评估，其理由是：评估程序的制度成本过高（尤其是对于低投入的研究领域来说）；人们越来越关注评估系统的不充分性；评级系统与拨款的联系存在失灵现象。

　　上述关于英国科研评估制度的研究丰富了国内外的英国高等教育研究，从不同侧面研究了英国高等教育的发展，但是专门、系统研究英国科研评估制度对大学学科发展影响的专著或者博硕士论文迄今为止还没有发现。这就为本研究既带来了机遇，更带来了挑战。因此，本书拟研究英国科研评估制度对大学学科发展的影响及其机制。

二、学科相关问题研究

（一）国内外研究现状

　　米歇尔·福柯和华勒斯坦等人对学科与权力的关系进行了研究。米歇尔·福柯的《规训与惩罚》揭开了 discipline 兼具学科与规训双重意义的面纱；华勒斯坦等人在福柯研究的基础上明确提出了学科制度的概念；在《开放社会科学》、《否思社会科学》中对社会科学各门学科之间区分有效性的质疑，对国家作为社会科学分析基础框架的揭露，动摇了近代以来西方苦心经营的学科结构划分及其建制得以形成的依据："迫使我们重新考虑社会科学就在不久以前还认为业已解决的许多问题的一些变迁，从而得出这样的看法，即 19 世纪范式已经达到了极限。"马太·多冈

（1995）也对社会科学、跨学科研究等问题进行了反思。学科的规训说从社会学的角度出发，认为任何一门学科都是一种社会的规范，学科主要表现为一种规训制度，是"生产论述的操控体系"和"主宰现代生活的种种操控策略与技术的更大组合"（华勒斯坦，等，1999)[12]，它涵括了一种动态的知识分类和知识生产结构、生产方式和生产制度，即所谓的知识－权力体制。

从 ProQuest、UMI、Kluwer、Springerlink、Jstor、ISTP 等数据库中搜集到的国外博士学位论文、期刊论文和会议论文来看，国外关于学科的研究有两个特征：①研究的维度基本上是在学科的两个含义上展开，一是学校的科目，二是学校纪律或规训；②研究的内容主要有三方面，一是对某一（些）学科发展问题的探讨，二是对组织与学科关系的研究，三是对跨学科、多学科（inter-/trans-/multi-disciplinary）问题的研究。

另外，国内近年来关于学科的相关研究也呈现出雨后春笋般的增长态势。有研究者认为："目前我国学科的相关研究主要有三个特征：（1）学科建设研究是学科研究的主体；（2）在学科结构的研究上呈现出的主要特征是：对学科结构的界定有不同的视角；对大学学科实践总结较多，而对如何提高学科整体水平和优化大学学科结构的原则等研究较少；（3）学科制度、学科结构与制度的关系的研究刚刚起步。"（庞青山，2004)[3-6]就目前笔者的目力所及，国内最早研究学科问题的专著是《学科学导论》。该书运用发生学的方法来考察学科，认为学科是一种创造活动，是一个集学科精神、学科风格、学科价值、学科内容、学科方法、学科模式、学科素质、学科优势于一身的统一体，等等（陈燮君，1991）。该书主要是侧重研究作为一门学科的学科学的目标、内容和结构，并没有为学科下一个准确的定义。

国内研究者除了从学科建设的角度（纪宝成，等，2007；翟亚军，2007）研究学科发展之外，还有从学科制度的视角（万力维，2004；李春萍，2004；陈学东，2004；庞青山，2004）着手的。学科研究还有很多其他视角，例如：孙绵涛（2004）从主客体互动的视角来论述学科，认为学科"是主体为了教育或发展的需要通过自身认知结构与客体结构（包括原结构和次级结构）的互动而形成的一种具有一定知识范畴的逻辑体系"，具有创造知识、系统管理和全面育人的功能和价值；有的学者从社会学和知识论的双重维度来审视学科知识（鲍嵘，2004）[49]；有的学者从"作为知识分类体系"和"作为知识劳动组织"两层语义上来甄别学科，把学者们对学科概念的认识概括为五种，即教学科目说、创新活动说、知识门类说、科学分支说和双重形态说（宣勇，2006）；还有学者认为，学科作为一个发展的概念，随着历史的演进，内涵不断丰富，目前比较典型的观点可概括为三个，即知识说、组织说、规训说，三种学说是在不同的语境下形成的，各有其合理性和局限性（翟亚军，2007）[26-30]。

（二）学科定义辨析

虽然学科问题是近年来国内外研究的热点之一，但是学科的定义却众说纷纭。本书准备先从探究学科的基本要素入手，然后再尝试给出学科的概念。

有研究者认为，研究对象、研究方法及学科体系是构成学科的三个基本要素（孙绵涛，2004）。鲍嵘（2004）[15]更重视学科知识的社会学和知识论的双重维度，认为"从知识论的维度看，是它（学科）有自己独特的研究对象，以及一整套独特的研究方法和问题域；从社会学的维度看，它（学科）与社会分工中的具体某一类分工的知识相关；它（学科）是两部分人——身处学术圈内的人与学术圈之外的人——的集合，这些人之所以集结，是因为他们共同拥有社会分工中的某一类生产知识"。归纳起来，鲍嵘主张学科要有自己独特的研究对象、系统的研究方法、独特的研究领域，同时还要有身处学术圈内外、围绕知识分工而集合起来的人群。宣勇（2006）等提出了学科的双重形态说，即认为："现代大学所强调的学科建设有两种不同语义上的指谓，一是作为知识体系的学科的不断发展和完善，即一门门学科在知识上的增进；一是作为不同学科要素构成的组织的建设，即作为知识劳动组织的学科建设。"在宣勇看来，现代大学的学科建设不但包括学科知识的增进，还包括学科组织的发展。由此可见，国内学者一般认为，学科必须具备下列要素：第一，独特的研究对象；第二，独特的研究方法；第三，独特的研究领域或者知识体系；第四，作为物化形态的学术组织。

还有研究者认为："首先，学科是一个历史的范畴，是一个发展的动态的概念，知识的保存、传播和生产贯穿于学科发展的始终，围绕知识的保存、传播和生产，衍生了学科组织和学科制度，其中，知识体系是核心，组织体系是基础，制度规范是保障；其次，学科又是一个社会的范畴；第三，学科是一个矛盾的统一体。"（翟亚军，2007）[30]

国内比较有代表性的对学科进行界定的学者有孔寒冰、杨天平等人。孔寒冰（2001）[243-244]认为："一般而言，对于'学科'至少应当从三个方面来理解：（1）教学的科目（subjects of instruction），即教的科目和学的科目，是一种传递知识、教育教学的活动；（2）学问的分支（branches of knowledge），即科学的分支和知识的分门别类，是一种发展、改进知识和学问研究的活动；（3）学术的组织（units of institution），即学界的或学术的组织，是从事教学与研究的机构。"杨天平（2004）把学科概念的要义概括为四个：其一，一定科学领域或一门科学的分支；其二，按照学问的性质而划分的门类；其三，学校考试或教学的科目；其四，相对独立的知识体系。杨天平概括的学科概念的四个要义"既包括了学科的原初义和发展义，亦包括了学科的窄指义与宽指义"。孔、杨两位学者对学科内涵的揭示很有代表性，引用率较高。在他们二人看来，学科的内涵主要包括三个层次：第一，学科是知识和科学的分支，是相对独立的知识体系；第二，学科是学校教学的科目；第三，学科还指学界从事教学与研究的机构。

虽然有研究者认为"就目前的研究而言，学科以及相关概念的明晰度和学科研究的繁荣度并不同步，对学科及其相关概念的界定在一定程度上还缺乏理性的解读和缜密的界定，导致了使用上的模糊和混乱"（翟亚军，2007）[22]，但是，笔者仍然可以从国内学者们对学科概念和内涵的界定中得出这样的结论：国内学者从不同的角度研究学科问题，自然也就各自从自己的角度为学科下了或宽或窄的定义。综合起来，国内学者们的学科概念主要包括五层：第一，学科是知识和科学的分支，是相对独立的知识体系；第二，学科是学校教学的科目；第三，学科还指学界从事教学与研究的机构；第四，学科是研究者、学术机构和社会沟通的桥梁；第五，学科是规训和协调知识与研究者的制度性机制。

综合已有的研究成果，笔者认为，学科有三个内涵：知识分支和教学科目；知识生产与传播的学术组织；知识和研究者遵循的制度性机制。学科的基本要素是独特的研究对象、研究方法和研究领域，这三者展开的物理空间是学术组织。学科的基本特征是知识性、规约性和开放性等。

三、大学学科研究

约翰·亨利·纽曼（2001）[20]认为，"大学要么指学生而言，要么指学科而言"。伯顿·克拉克指出，大学是围绕学科组织起来的，学科是高等教育系统的基层组织基础，学科作为一种"专门化组织方式"，是大学的"一个独特和主要的特征"，"学科、院校是划分和组合学术活动的两种基本方式"，是研究高等教育系统的基本出发点，是"概括大学制度的更佳端点"（伯顿·R. 克拉克，1994）[6,14,34,313]。学科是大学履行教学、科研和社会服务三大职能的载体，是大学办学水平、办学特色和综合实力的具体体现。大学的声誉仰仗各学科水平，大学的生机源于各学科活力，举凡世界一流大学，必有世界一流学科。"大学是以形形色色的学科为中心而组织起来的，大学是以学科和专业为基石建构、发展成的学术组织，大学教学、科研和社会服务的基本活动形式就是对各学科专门知识的创设与操作，大学职能的实现有赖于对学科知识的传播、生产和应用。"（伯顿·R. 克拉克，1994）[6]

既然学科如此重要，那么国内外大学学科的研究现状如何呢？

目前国内已有的大学学科研究大体可以分为三类：①大学学科建设研究；②大学学科结构研究；③大学学科制度研究。其中学科建设研究是大学学科研究的主体①。

　　笔者发现：国内外对大学学科问题的研究大都是在学科研究的基础上，进一步引申、阐发而来的。近年来，我国大学学科方面的研究主要是以博士学位论文的形式呈现的。例如，罗云博士（2002）研究了中国重点大学学科建设的问题；邹晓东博士（2003）运用国内外知名研究型大学学科组织创新的案例实证研究、学科组织要素和学科组织创新的调查统计分析、学科组织创新的系统动力学模型构造等研究途径，深入研讨通过学科组织创新和学科组织要素建设以提升学科组织核心能力，促进研究型大学学科建设发展的根本途径；庞青山博士（2004）从大学学科结构与学科制度的视角研究了大学的学科发展；李春萍博士（2004）以北京大学为例，探讨了1898—1927年20年间从京师大学堂到北京大学的演变历程，试图将西方学科制度与中国知识传统间的矛盾以及中国学术演变的诸多问题基本上聚焦于这段时空，以考察中国学术转型历程中学科制度的规训性力量；鲍嵘博士（2004）从学科知识的社会学和知识论的双重维度研究了1949—1954年间中国大学的课程政策与学科建制；万力维博士（2005）选择以"控制与分等"作为切入点研究了大学的学科制度；翟亚军博士（2007）通过世界一流大学学科特征的探讨研究了大学的学科建设模式问题；周朝成博士（2008）沿着两条基本线路展开了对大学跨学科问题的研究，一是大学跨学科研究的形而上问题——在学科文化层面上探讨障碍与冲突，二是大学跨学科研究的形而下问题——在组织结构与管理、资源配置以及评价中存在的阻力冲突以及消解途径；贾莉莉博士（2008）以学科为切入点，研究了大学学术组织，

---

　　①　例如：李铁军. 2004. 大学学科建设与发展论纲 [M]. 北京：中国社会科学出版社；罗云. 2005. 中国重点大学与学科建设 [M]. 北京：中国社会科学出版社；左兵. 2006. 西部地方高校学科建设的制度分析 [D]. 武汉：华中科技大学；纪宝成. 2006. 中国大学学科专业设置研究 [M]. 北京：中国人民大学出版社；翟亚军. 2007. 大学学科建设模式研究 [D]. 合肥：中国科学技术大学；周朝成. 2008. 当代大学中的跨学科研究 [D]. 上海：华东师范大学；刘小强. 2008. 学科建设：元视角的考察 [D]. 厦门：厦门大学；程妍. 2009. 跨学科研究与研究型大学建设 [D]. 合肥：中国科学技术大学；等等。

其研究结论是：以学科为基础的大学学术组织，在形式选择、结构设计以及活动职能的实现过程中受制于学科发展变化的影响。学科的存在与发展既要遵循知识的内在逻辑又要遵循外在的现实逻辑。

庞青山（2004）[3-6]认为，目前我国学科的相关研究对大学学科实践总结较多，而对如何提高学科整体水平和优化大学学科结构的原则等研究较少。李春萍（2004）[30-31]认为，国内在学科问题上以院校为单位的经验总结报告式研究为多，诸如学科建设或调整的经验和体会等等；另一种类型是关于地区或某种类型高校内学科专业调整的研究。大学学科研究仍是以经验总结和思辨论述为主，还比较缺乏系统的理论建构和精细的经验考察。

大学是以知识为原材料的组织机构。作为相对独立的知识体系，学科是大学的基本构成单位。从本源上讲，学科是知识生产专业化的必然选择和结果，学科与知识生产密切相关。所以，作为一个保存、传播和生产知识的机构，大学教育与学科的结合，使得大学成为一个特殊的知识生产机构（贾莉莉，2008）[115]。学科与大学是如此的密不可分，失去大学依托的学科，其前进的步伐就会减慢，甚至停滞；而漠视学科建设的大学，则会模糊发展的方向。"学科和院校一起以一种特殊方式决定了学术组织。"（伯顿·R. 克拉克，1994）[37]当代社会，大学与经济、社会发展有着比以往任何时代都更加紧密和直接的联系，一国大学学科建设的总体水平，反映了其政治、经济、文化、科技在世界上的发展水平和势头。大学学科建设的重要地位使得"大学学科建设"受到了前所未有的重视（翟亚军，2007）[37]。

综上所述，笔者认为，大学学科研究应该成为高等教育研究的重头戏，因为学科是大学的灵魂。近年来，国内大学学科问题的研究已经取得了巨大进展，但是由于国外大学学科建设的研究基本都聚焦在美国，所以本书拟另辟蹊径，从英国科研评估制度与大学学科发展的关系入手，研究大学学科发展规律，同时为我国的大学学科发展提供有益的经验与启示。

第四节　理论框架

在梳理了英国科研评估制度的研究重点，并考察了国内大学学科研究的现状之后，笔者接下来将从研究问题的逻辑脉络出发，对本研究的三个核心概念即科研评估制度、英国一流大学和大学学科进行界定，最后再提出本书的研究思路。

一、研究问题的逻辑脉络

（一）科学研究与大学

近代大学重视科学研究的理念始于 1575 年创立的荷兰莱顿大学，莱顿大学的医学院强调教学与研究相结合，并建设了良好的研究设施（王战军，2003）[10]。19 世纪初，德国威廉·洪堡（Wilhelm von Humboldt）提出创办柏林大学的设想，随后科学研究逐渐在大学中生根发芽，并很快经由 19 世纪 70 年代约翰·霍普金斯大学研究生院的成立得以制度化。从此，科学研究逐渐成为大学仅次于人才培养的第二功能。而一流大学作为研究型大学的卓越代表，已经成为科学研究的前沿阵地和国家科学研究的中心，而且也是知识创新的中心与发源地，在基础性、前沿性的科学研究中做出了卓越的贡献（程妍，2009）[2]。

在德国，科学研究和大学教育的早期联姻首先导致以科研为基础的大学的发展。洪堡把学科而不是学生放在他的概念的中心，教授和学生必须携起手来探索新知识。不管这个中心学说后来在意识形态上有什么转变，实际的结果是一系列大学适应了学术研究。在 19 世纪后半叶，德国的许多大学被广泛认为是世界上最先进的大学，从其他国家吸引了许多学生和访问学者，他们力求学习最新的研究方法（伯顿·克拉克，2001a）[1]。奥尔特加·加塞特认为，大学的教育包括下列三项职能，即文化的传授、专业的教学以及科学研究和新科学家的培养（奥尔特加·加塞特，2001）[61]。大学不同于科学，但又离不开科学，所以加塞特认为科学是大学的"附加功能"。他进一步解释道，大学在能够成为大学之前必须是科学性的，一个充满激情、努力运用科学的环境是大学存在的先决条件，而科学代表着一所大学的尊严和地位（奥尔特加·加塞特，2001）[98]。

　　由此可见，科学研究与大学建立固定的制度化关系起始于 19 世纪初的德国，并且在 19 世纪中后期美国大学研究生院建立之后，开始逐步在全球成为科学研究的主战场。尽管在大学之外，也存在着比较强大的科学研究力量，例如在工业和其他社会机构中开展的科研越来越多，但是"大学大量长远的知识的增加及其传播具有最好的基础和最有效的方法。大学被组织了在很多学科发展和维持进行探索的运作团体，它们处于最好的地位，协力地训练一代一代的显得好奇的有才智的人，生产科研成果"（伯顿·克拉克，2001a）[277]。大学主要以三种方式塑造科研系统：第一，通过识别人才；第二，通过给人才提供适当的训练；第三，通过为这种人才提供合适的职业，使之接受学术生涯的挑战（伯顿·克拉克，2001c）[206]。因此，科学研究虽然在大学中出现的时间并不是很长，但是二者结合以后，在推进知识进步和人才培养的伟大事业中发挥了其他任何机构都无法替代的作用。

（二）科学研究与大学学科

　　翟亚军博士（2007）[30-32]认为，以中世纪为起点，学科建制经历了个人—学会—科学院—大学的演变历程。直到 19 世纪初的德国，（自然科学领域里的）学科才真正地走入大学；及至 20 世纪，大学和学科已是唇齿相依了。而且学科逐渐从大学的边缘进入了大学的中心。现代大学既是学科的集聚地，也是学科产生的策源地，是学科知识产生的主导场所、学科新人的培育所，只有大学才实现了知识生产和人才培养的整合。在学科综合发展模式占主导地位的今天，大学以其得天独厚的人才优势、资源优势和环境优势，成为学科发展的主要阵地。

　　同时，科学研究对学科发展的促进作用表现在：科学研究既促进着新

学科的产生，也促进着学科建设。具体来说，科学研究对学科发展发挥着
五种促进作用：培养学科后备军，造就学科带头人；代表学科发展的方向；
促进学科结构的优化；促进学科建设所需的实验技术发展；促进学科特色
的形成（郭春荣，1996）。所以笔者认为：科学研究是大学学科发展的内在
灵魂、基础和原动力，它引领着大学学科的发展①。也就是说，只有一流的
科研才能孕育出一流的学科，这从世界科学活动中心②先后从意大利
（1540—1610）、英国（1660—1730）、法国（1770—1830）、德国（1810—
1920）再到美国（1920—　　）的清晰转移轨迹（汤浅光朝，1979）[53-73]中可
以明显地看出来。在世界科学活动中心这些科学研究最发达的地方，往往
是各时期世界一流学科的大本营。尽管科学活动中心转移与学科中心③转移
有各自不同的规律，但二者之间存在着明显的因果关系，科学活动中心是
以多个学科中心为基础的（冯烨，梁立明，2000）。例如，在1540年至
1610年意大利科学的鼎盛时期，其天文学、生物学、物理学、数学等学科
遥遥领先世界其他国家，学科领域百花齐放；在法国作为科学活动中心的
60年间，该国的数学、物理学、化学、天文学、生物学、地学、医学等七
个学科在同时期内也都曾成为学科中心。德国科学从19世纪初开始问鼎世
界，及至19世纪中期，德国成为化学和物理学的学科中心，并且数学、生
理学、医学和地学等学科也遥遥领先世界其他国家（翟亚军，2007）[61]。同
时，自近代科学诞生以来，绝大多数世界一流大学也出现在先后成为科学
活动中心的国家。这也就是为什么当今世界一流大学的数量美国为最，其
次便是英、德、法、意诸国的原因（蒋国华，孙诚，2000）。

　　由此可见，科学研究与学科水平之间具有极强的正相关关系，而代

---

　　① 该观点受到清华大学人文学院蔡曙山教授的启发，正是在与蔡老师的讨论中，该观点逐渐
成形。在此谨向他表示由衷的谢忱。
　　② 世界科学活动中心依据日本科学史家汤浅光朝的定义，即如果在一个历史时期内，一个国
家的科学成就超过这一时期全世界科学成就的25%，就把该国称为世界科学活动中心。
　　③ 学科中心：一国某一学科成果数占世界该学科成果总数25%以上的时期为该国这一学科
的兴隆期，而该国即为这一学科的学科中心。

表学科最高水平的场所无疑是一流大学。

(三) 科学研究评估与大学学科

英国科研评估制度评估的主要是大学学科的科学研究成果，其结果在一定程度上能够体现出英国大学学科的研究实力与水平。笔者通过分析科研评估中"科研"的定义，认为英国科研评估活动并未有效地实现评估并鼓励原创性科学研究的初始目标，反而刺激了学界对论文 (paper) 等的进一步追捧。当然，这种推断需要通过案例研究来进行求证。所以本书拟运用案例研究法，选取几所英国大学的部分学科，通过对这些学科的科研评估材料进行文本解读，来检验笔者的研究推断，并达到研究科研评估制度对大学学科发展的影响及其机制的终极目标。

二、主要概念界定

(一) 科研评估制度

科研评估 (Research Assessment Exercise，RAE) 是由英格兰高等教育基金委员会 (HEFCE) 出面组织和联合苏格兰高等教育基金委员会 (SHEFC)、威尔士高等教育基金委员会 (HFCW) 和北爱尔兰就业与学习部 (DEL) 开展实施的水平评估活动，每隔几年在全英国范围内进行一次。实施科研评估时，高等教育基金委员会成立专门的 RAE 评估小组，采用以学科为基础的同行专家评议方法，即聘请在各研究领域的著名专家对本领域内同行的工作水平进行评估，对英国高等教育机构的参评单位 (相当于我国的学科点) 递交的不同形式的科研成果进行评价，并依据国家和国际的标准，将评估结果分为不同的等级，然后根据评估结果分配之后几年的高校科研经费。除了给高等教育基金委员会的拨款决定提供判断依据和参考信息外，科研评估活动① (RAE) 的结果还对工商业界、

---

① 在本研究中，笔者交叉使用了科研评估制度和科研评估 (活动) 两个术语，前者指的是通过科研评估活动为高校分配科研经费的制度安排，而后者强调的则仅仅是对高校学科的科研成果进行评定并给出相应评级的行为或过程。

慈善机构或其他组织的募捐活动有指导意义。

在评估中，"科研"专指以获取知识、增进理解为目的的原创性研究活动，包括：与商业、工业及公共、志愿组织需求直接相关的工作；学术（指学科智力结构的创新、发展和保持方面，如词典、学术期刊、目录编撰及科研资料库建设等）；新的或有改进认识作用的发明、观点、设计、表演、艺术作品（包括设计）；将已知知识运用于实验，以研制或改进材料、设备、产品、生产过程，包括设计和建筑。其不包括对材料、成分及生产过程的常规测试和常规分析（如为保持国家标准而进行的测试和分析），不同于对新技术的开发，也不包括不包含原创性研究的教学材料的开发（RAE，2005）。

通过分析英国科研评估中的科学研究定义，笔者认为，科研评估中的"科研"大致包括原创性研究活动、学术成果以及知识的应用。也就是说，这里的科研定义可以分为三层：第一层是原创性的科学研究，但是并不一定已经产出了实际的学术成果；第二层是已经发表的图书和论文等，这可以视为实体意义上的研究成果，当然已经发表出来的作品不一定都是原创性的科学研究成果；第三层是科学与技术的结合成果，但需要注意的是并不包括技术开发及日常性的简单知识应用。所以，从其定义中，本书能够得出一个初步的推论，即科研评估宣称要重点评估原创性的科学研究成果，但是从其实际操作过程来看，科研评估最重视的却是专著和论文等外在的形式，而对真正原创性的研究本身却有所忽视。

本书对科研评估的初步认识是，作为一套诞生于20世纪80年代中期的学术评价体系，科研评估采取学科评估的形式，对英国大学的科研成果进行同行专家评议，并给出由低到高的科研评级，作为一定时期内英国高等教育基金委员会为大学进行科研拨款的依据。

（二）英国一流大学

罗素集团（The Russell Group，又称罗素大学联盟）由英国20所大学联合组成，其主体成员是16所英格兰大学，另外还包括苏格兰的两所大学——爱丁堡大学（University of Edinburgh）、格拉斯哥大学（University of Glasgow），威尔士的卡迪夫大学（Cardiff University）以及北爱尔兰的贝尔法斯特大学（Queen's University of Belfast）。

"罗素联盟"的20所大学分别属于古典大学（牛津、剑桥、格拉斯哥、爱丁堡）、近代大学（组成伦敦大学的大学或学院如帝国理工、伦敦大学学院、伦敦政治经济学院、国王学院等，曼彻斯特大学，利物浦大学，诺丁汉大学，谢菲尔德大学等）和现代大学（南安普顿大学、沃里克大学等）。由此可见，"罗素联盟"成员大学产生于英国历史上的各个时期。

"罗素联盟"成立于1994年，目的是对联盟大学的研究能力提供集中管理并提出战略方向。目前该联盟大学的研究和赞助资金占到英国所有大学的三分之二，其在英国的地位相当于美国的常青藤大学。在2007—2008年度，罗素大学联盟的研究和合同收入的比例占英国所有大学的66%（超过24亿英镑），政府项目投资占68%。在英国，该联盟授予58%的博士学位，并有超过30%的非欧盟国际学生选择了这些大学（The Russell Group，2010）。在2001年科研评估中，有78%的教职员工在5*级部门，57%在5级部门。在2007—2008年度，罗素大学联盟得到的由投资机构提供的研究资金占总数的66%。

另外，英国著名的大学联盟还包括拥有18个成员大学的"1994集团"（The 1994 Group）。但是，由于"罗素联盟"的大学规模较大，而"1994集团"的大学规模相对较小，而且在总体上其影响力和科研水平远不如"罗素联盟"的成员大学，因此本书重点关注规模较大、研究质量更高的"罗素联盟"的成员大学特别是其中的英格兰大学。对于"罗素联盟"大学来说，其学科发展受到科研评估制度的影响巨大，因为它们正是科研质量拨款和研究合同拨款的主要接受者。

中国科学评价研究中心邱均平等人从2009年3月开始，第三次利用美国汤姆森科技信息集团开发的"基本科学指标"（ESI）和汤姆森科技信息集团的德温特"专利创新引文索引数据库"（DII）这两种权威工具作为数据来源，系统、深入地研究了世界大学与科研机构的学科竞争力，并研发出"2009 年世界大学科研竞争力排行榜"、"2009 年世界大学与科研机构（包括大学和研究院所）分 22 个学科专业科研竞争力排行榜"、"2009 年世界大学科研竞争力分 7 个基本指标排行榜"。在其研究中，邱均平等界定了什么是世界一流大学。他们将遴选和评价的 1475 所世界大学中的前 600 名（即位居全世界前千分之五的大学）定义为世界高水平大学。并将世界高水平大学分为两个档次：前 100 名为世界顶尖大学，第 101—300 名为世界高水平著名大学，第 301—600 名为世界高水平知名大学，其中世界顶尖大学和世界高水平著名大学称为"世界一流大学"（邱均平，等，2009）。也就是说，邱均平等认为在"世界大学科研竞争力排行榜"[①] 中的前 300 名大学都属于"世界一流大学"。而在该排行榜中，英国的"罗素联盟"大学除了伦敦政治经济学院（London School of Economics & Political Sciences，LSE）之外，其余 19 所大学都在前 300 名之内。作为人文社科类大学的伦敦政治经济学院，若以科学和专利指标来衡量的话，肯定成绩不佳。另据上海交通大学"2009 年世界大学学术排名榜"（Academic Ranking of World Universities，ARWU）[②]，"罗素联盟"大学全部都在世界大学前 300 名之内。可见，"罗素联盟"大学属于世界一流大学。不过它们并不都是历史悠久的大学，很多大学的历史并不长，

---

① "世界大学科研竞争力排行榜"的评价指标包括科研生产力、科研影响力、科研创新力、科研发展力等四个部分。其中科研生产力用近 11 年来发表论文数（被 ESI 收录的论文数量）这一指标来衡量；科研影响力用近 11 年发表论文总被引次数和高被引论文数这两个指标来衡量；科研创新力用热门论文和专利这两个指标来衡量；科研发展力用高被引论文占有率这一指标来衡量，其中高被引论文占有率 = 高被引论文数/论文发表数。

② "世界大学学术排名"（ARWU）是由上海交通大学世界一流大学研究中心和高等教育研究所的研究人员出于学术兴趣独立研究完成的，于 2003 年首次在网上公布，此后每年更新。ARWU 采用国际可比的科研成果和学术表现作为评价指标，具体包括诺贝尔奖和菲尔兹奖的校友折合数（权重 10%）、获诺贝尔奖和菲尔兹奖的教师折合数（权重 20%）、各学科被引用次数最高的科学家数（权重 20%）、在《自然》或《科学》杂志上发表的论文折合数（权重 20%）、被科学引文索引（SCIE）和社会科学引文索引（SSCI）收录的论文数（权重 20%），以及师均学术表现（权重 10%）。

但却发展迅速，也非常卓越。作为后发外生型走向现代化的中国，赶超型策略在一流大学的成长中同样适用，也许这些建校时间短、迅速成长为一流的大学才是我们需要格外关注的典型案例。

因此，本研究从"罗素联盟"大学中选取曼彻斯特大学、纽卡斯尔大学和华威大学等三所大学作为英国一流大学的代表，对它们的三个学科进行深入的科研评估案例分析。而曼彻斯特大学、纽卡斯尔大学、华威大学在邱均平等人的"世界大学科研竞争力排行榜"中分别位居第55位、第161位和第272位，在英国国内的排名分别是第5位、第16位和第25位。另外，曼彻斯特大学、华威大学、纽卡斯尔大学在上海交通大学"2009年世界大学学术排名榜"上分别位居第41位、第197位和第281位，在英国国内的排名分别是第5位、第23位和第32位。

（三）大学学科

研究者们对大学学科概念的界定是以学科的内涵为基础的。庞青山（2004）[24]在其博士论文《大学学科结构与学科制度研究》中对大学学科做出如下界定："大学学科是以知识分类为依据，以高深专门知识为主要内容的承担大学基本职能的基本形式。"万力维（2005）[18]给出的大学学科概念包括"原指"和"延指"两个层次："大学学科原指一定历史时期大学系统传播与发展的规范化、专门化的高深知识体系，延伸为大学系统中承担高深知识传播与发展职能的学科组织。"从大学学科的地位和作用来看，大学学科是大学实现其各项职能的基础，大学正是通过以学科为基础的三大职能的实现来促进社会发展的。从大学学科目标来看，人才培养在一定程度上决定和影响学科的走向（庞青山，2004）[24-31]。大学学科是学科的下位概念，大学学科具备学科所具有的特点和要求，同时，又具有自身独特的特点和要求。概括来讲，大学学科是系统的高深专门知识体系，是承担大学传播、发现、生产与发展知识职能的基本单位（贾莉莉，2008）[21]。当今社会，学科与大学如影相随，历久弥新。可见，大学学科是以高深专门知识为材料，以培养人才为目的的制度性机制。

其主要特征是高深性、结构性和学术性等。

综合已有的研究成果，笔者认为，大学学科的内涵是以高深专门知识为材料，承担现代大学的三大职能即科学研究、人才培养与社会服务的学科组织或学科领域（常文磊，2009a）。

英国科研评估制度（RAE）中的大学学科接近于学科组织或者学科领域，1992 年的评估单位（Unit of Assessment，UoA）是 72 个，1996 年是 69 个，2001 年是 68 个，2008 年是 67 个。总体上逐渐减少，这是学科不断走向综合化的反映。2008 年英国大学科研评估指标体系包括研究成果、研究环境和声誉指标（受尊重情况），而且上述指标的权重分别不能低于 50%、5% 和 5%。例如，生物科学学科（UoA14）的三项科研评估指标的权重分别是研究成果（75%）、研究环境（20%）、声誉指标（5%）（HEFCE，2006）。

在把握研究问题的逻辑脉络，界定了本研究的核心概念之后，笔者接下来将要对研究框架中的理论视角进行简要论述。这些理论是新公共管理理论、场域理论和历史制度主义理论。

三、研究视角

20 世纪 80 年代英国科研评估制度出现时，正是新公共管理思潮风靡世界之时，因此本书首先探讨新公共管理思潮及其对英国高等教育的影响。同时，由于本研究的核心问题是英国科研评估制度对大学学科发展的影响及其机制，所以笔者也尝试从社会学场域理论和新制度主义政治学的历史制度主义理论两个视角来对核心问题进行研究。

（一）新公共管理理论

"二战"以后，在凯恩斯主义的影响下，政府对经济和企业实行全面控制，强调公共服务由政府独家供给，市场的作用大大弱化，从而形成了公共管理的干预模式。20 世纪 70 年代以后，随着凯恩斯主义在西方的破产，新自由主义应运而生。新自由主义者猛烈地批判了凯恩斯主义的

"全能政府"，主张利用市场力量来改善政府服务功能，将市场因素和企业家精神引入政府管理之中，并从私营部门中借鉴或移植其相应的理论和成功的操作方式。而强调秩序、等级、精英政治和国家权威等思想的新保守主义则将国家政府拥有强大的权力视为引入市场机制的一个重要前提。上述两者的巧妙结合被称为"自由的市场，强大的国家"。这就是所谓的"新公共管理"或"重塑政府"（毛锐，2005）[54]。

20 世纪 70、80 年代以来，发端于英、美等西方发达国家的新公共管理改革席卷了世界各地，这场改革的核心目标是："降低公共治理成本，提高公共治理效率，提升公共产品和公共服务质量和水平，塑造经济型的政府"（赵成根，2007）[17]。

克里斯托夫·胡德（Christopher Hood）于 1991 年首次提出"新公共管理"一词，并对新公共管理做出了如下概括：①公共政策领域的专业化管理；②明确的标准和绩效测量；③注重产出控制；④拆分与重组部门，实行分权化管理；⑤在公共部门中引入竞争机制；⑥吸纳私营部门行之有效的管理方式、方法和技术；⑦强调资源的有效利用和开发（欧文·E. 休斯，2001）[72-73]。拉森（Ranson）和斯图亚特（Stewart）将新公共管理的特征概括为：①视人民为顾客，并强调顾客的价值；②创造市场或准市场的竞争机制；③扩大个人以及私人部门自理的范围；④购买者的角色须从供给者的角色中分离出来；⑤契约或半契约配置的增加；⑥由市场来测定绩效目标；⑦弹性工资（张成福，2001）。

有研究者认为，新公共管理的基本特征是采纳管理主义范式，即以在公共部门实现经济（economy）、效率（efficiency）和效益（effectiveness）为目标，在公共领域引入市场机制和私人企业的管理方法，实施类似私营部门管理模式的管理。其特征是：职业化管理、明确标准与绩效测量、重视产出控制、单位分散化、竞争、私人部门管理风格、纪律与节约（孙贵聪，2003）。

由于不同国家在实际运用新公共管理的原则时有不同的方式，所以产生了多种不同的模式，除英国模式之外，还有新西兰模式、瑞典模式等。但总的来说，在运动初期，侧重对公有企业的私有化改造，而后期则侧重政府绩效评估。新公共管理企图在不对现有的政治－行政体系做重大调整的情况下，通过改革促使政府提高效率和更有效地运转（陈天祥，2007）。

通过分析学者们对新公共管理的主要观点和特征的概括，笔者认为新公共管理的主张基本可以概括为两点：第一，市场化改革；第二，绩效评估。新公共管理重视采用市场化手段改革公共部门和公共服务，竭力发挥市场作用；同时，对公共部门进行绩效评估，保障其服务质量（常文磊，王报平，2010）。

英国是新公共管理的发源地和新公共管理改革的输出者。在不同时期，英国将不同的新公共管理思想引入公共服务的改革中，政府对这些改革领域的影响程度也不同。在高等教育场域，新公共管理的影响尤其体现在：实行新的拨款方式；建立外部质量保证体制。引入这些体制是为了实现双重目标：加强政府对由其资助的大学活动的控制，使大学建立满足委托人需求的体制。新公共管理措施集中于对研究进行评估，是高等教育系统结构性变化之一（Dominic Orr，2004）。

1986年，英国科研评估制度出台，它涉及高等教育场域中的诸多权力主体，包括大学、学科组织和学术人员等。这表明，随着英国高等教育从精英教育向大众教育转变，政府加强了经费分配的选择性，高等教育拨款机制日益体现出了市场化的倾向（汪利兵，1994）[1]。而且，大学和学系的运作正如约翰斯通（Johnston，1994）所说的那样，越来越像办企业，需要评估"市场风险"了。泰德·特普尔和布莱恩·萨特（Ted Tapper and Brian Salter，2004）认为：20世纪80年代后期，出现了希望英国高等教育采用新的治理方式的广泛的政治需求。英国高等教育拨款方式由拨款委员会向高等教育基金委员会模式转变，可以看作一种采用"新公共管理"治理方式的尝试。科研评估是在官僚化的精心控制下进行的，其实施机制巧妙地契合了"新公共管理"的原则。

综合已有的研究成果，本书认为新公共管理对英国高等教育的影响主要在于两个方面：第一，实行了新的强调市场作用的拨款方式，致使高等教育领域的竞争加剧；第二，集中于对研究进行评估，致力于追求学术卓越。具体来说，带有浓郁竞争特色的科研评估在 20 世纪 80 年代中后期出现，加剧了大学及其学科组织之间的竞争。

（二）社会学场域理论

"场域"（field）不仅是布迪厄（Pierre Bourdieu）社会学理论的概念，也是他从事社会学研究的分析单位（李全生，2002）。场域这一概念和分析单位来自布迪厄早年的人类学研究，指的是在各种位置之间存在的客观关系的一个网络（network）或构型（configuration）（皮埃尔·布迪厄，华康德，1998）[133-134]，旨在以关系为立足点分析指定对象的框架与结构。

布迪厄认为："在高度分化的社会里，社会世界是由具有相对自主性的社会小世界构成的，这些社会小世界就是具有自身逻辑和必然性的客观关系的空间，而这些小世界自身特有的逻辑和必然性也不可化约成支配其他场域运作的那些逻辑和必然性。"（皮埃尔·布迪厄，华康德，1998）[134]布迪厄眼中的"社会小世界"指的是各种不同的场域，如艺术场域、学术场域等；社会作为一个"大场域"就是由这些既相互独立又相互联系的"子场域"构成的。每个场域有自己相对独立的逻辑和运行空间，行动者依靠各自的惯习在场域中展开争斗和较量以获取对自己有利的资本。布迪厄认为，场域是差异化了的社会中所特有的社会小宇宙，而教育机构就像同属于一个引力场的天体，由此及彼远距离地相互作用（皮埃尔·布迪厄，2004）[229]。

布迪厄认为社会科学的真正对象并不是个体，而场域才是基本性的、研究操作的焦点（皮埃尔·布迪厄，华康德，1998）[145]。每个场域都以一个市场为纽带，将场域中象征性商品的生产者和消费者联结起来（李全生，2002）。

布迪厄十分强调场域的独立性、关系性和斗争性三个基本特征（皮埃尔·布迪厄，华康德，1998)[139-140]。独立性是指场域是一个相对独立的空间，遵循着自身的逻辑和游戏规则。关系性是指场域不是一个可见的物质实体系统，而是一个由各种客观关系形成的系统。斗争性是指由于资本分配的不均，分布于场域空间中不同位置的各种力量为了获取更多的权力与利益，而不断地展开竞争活动。

马维娜（2002)[7-10]将布迪厄的场域理论具体运用于学校（中小学）场域，她认为场域理论的主要精髓是：场域是关系的网络，是共时与历时的交融，是重新形塑的中介；场域的动力机制根源于场域中各种特殊力量之间的距离、鸿沟和不对称关系；场域、资本、惯习三者相互关联。

场域与资本（capital）、惯习（habitus）等概念是密不可分的。资本概念必须与场域概念联系起来，一种特定的资本总是在给定的场域中有效（宫留记，2007），一种资本不与场域联系在一起就难以存在和发挥功能。资本既是行动者实践的工具、用以竞争的手段，又是争斗的对象、场域活动竞争的目标。资本概念虽与场域概念相依共存，但又具有相对独立的规定性。场域内存在力量和竞争，而决定竞争的逻辑就是资本的逻辑。布迪厄把资本分为三种类型：经济资本、社会资本、文化资本（李全生，2002）。同时，行动者依靠各自的惯习在场域中展开争斗和较量以获取对自己有利的资本。惯习是一个"持久的、可转移的禀性系统"（菲利普·柯尔库夫，2000)[36]；它在潜意识的层面上发挥作用（Bourdieu, P, 1984)[466]；包括个人的知识和对世界的理解（李全生，2002）；是与客观结构紧密相连的主观性；既是个人的又是集体的；具有历史性、开放性和能动性（毕天云，2004）。惯习与场域的互动关系是：它是场域赖以发生功效的条件，同时也是场域作用的一个结果。场域能够塑造行动者的惯习，特别是由于行动者所拥有的资本，以及随之而来他在场中所处的特定位置——一般说来，拥有的资本越多，就越可能在场域中占据支配地位，反之亦然——会在某种程度上建构他的位置感，也就是建构他的观物方式或基本立场（朱国华，2004）。

布迪厄认为，一个社会是由许多亚场域（subfield）构成的，不同的亚场域之间具有相对独立性；不同的亚场域具有不同的惯习，各种亚场域的惯习之间是难以直接通约的，A 场域的惯习不能简单地搬到 B 场域，反之亦然。在布迪厄看来，惯习具有场域性，惯习只有在产生它的场域中才能发挥"如鱼得水"的作用（毕天云，2004）。高等教育场域与政治场域、经济场域属于不同的场域，它们拥有不同的惯习，其间的位置关系、资源配置、力量组合、动力机制大相径庭，在高等教育场域中完全套用政治场域和经济场域中的策略是行不通的。

英国高等教育场域具有场域的三个基本特征，即独立性、关系性、斗争性。首先，英国高等教育场域的独立性表现在：它具有自己的话语体系和"自身的逻辑、规则和常规"（皮埃尔·布迪厄，华康德，1998）[142]。当然，高等教育场域还受到政治和经济等场域的影响。其次，英国高等教育场域是由一系列客观关系构成的，其内部存在着错综复杂的关系网络，例如，科研评估制度（RAE）与大学、学系和学术人员之间存在着复杂的关系。最后，英国高等教育场域充满着竞争，各大学、学系、学术人员之间都为了各自的利益而展开竞争。正常的竞争有助于维持场域的活动，促进场域的发展。

英国高等教育场域的惯习是大学一向崇尚学术自由和学术自治，反对政府的外来干涉。但是，在新公共管理思想影响下出台的科研评估制度，加剧了高等教育场域的竞争，使得大学的自主权受到了较大的影响，造成了大学和学系的管理与学术之间的紧张关系。

本书将把英国科研评估制度置于高等教育场域中，具体分析英国大学学科组织的科研评估战略与策略等。场域理论的应用具体体现在三个层面上，即场域领导权的争夺（一流大学和学科的资本优势地位）、惯习的不可通约性（科研评估制度的弊端）以及英国大学行动者的科研评估策略。

（三）历史制度主义理论

历史制度主义（Historical Institutionalism）是一种连接着制度理论和

行为理论的中层理论。其主要理论兴趣点在于制度如何影响行为，以及制度、行为和观念如何在具体的历史进程中相互影响并共同塑造出了某种政治后果。

20世纪70、80年代，西方社会科学领域形成了新制度主义分析范式，并成为西方政治学研究中最为突出的一个现象。20世纪90年代以来，新制度主义分析范式已经变成超越单一学科，遍及经济学、政治学、社会学乃至整个社会科学的分析路径（陈家刚，2003）。而在新制度主义政治学的各大流派中，真正从政治科学的传统中生发出来，最早成为方法论意义上的新制度主义并产生重大影响的就是历史制度主义（何俊志，2002）。但是，大量地将历史研究与制度研究相结合的趋向却是20世纪80年代初以来才有的事，而系统地提出历史制度主义的分析框架并形成理论自主则出现在20世纪90年代初（何俊志，2003）[1]。

最早从严格的学术意义上使用和阐述"历史制度主义"的是瑟达·斯科克波尔（Theda Skocpol）、凯瑟琳·瑟伦（Kathleen Thelen）和斯温·斯坦默（Sven Steinmo）等人，在他们看来，"广义地说，历史制度主义代表了这样一种企图，即阐明政治斗争是如何受到它所得以在其中展开的制度背景的调节和塑造的"（何俊志，2002）。

彼得·豪尔（Peter A. Hall，2003）和罗斯玛丽·泰勒（Rosemary C. R. Taylor）将政治科学中的新制度主义概括为历史制度主义、理性选择制度主义和社会学制度主义等三种。历史制度主义对制度进行界定时，广泛接受的是豪尔的定义：制度就是在各种政治经济单元之中构造着人际关系的正式规则、惯例，受到遵从的程序和标准的操作规程（何俊志，2003）[106]。从广义上说，他们将制度界定为嵌入政体或政治经济组织结构中的正式或非正式的程序规则、规范和惯例。其范围涵盖宪政秩序、官僚体制内的操作规程和对工会行为及银－企关系起管制作用的一些惯例。总之，制度是与组织和正式组织所制定的规则和惯例相连的（彼得·豪尔、罗斯玛丽·泰勒，2003）。

彼得·豪尔和罗斯玛丽·泰勒在《政治科学与三个新制度主义》一

文中认为，可以从四个方面来概括历史制度主义的主要特征：①倾向于在相对广泛的意义上来界定制度与个人行为间的相互关系；②强调在制度运作和产生过程中权力的非对称性；③在分析制度的建立和发展过程中强调路径依赖和意外后果；④他们尤其关注将制度分析和能够产生某种政治后果的其他因素整合起来进行研究（彼得·豪尔，罗斯玛丽·泰勒，2003）。保罗·皮尔森（Paul Pierson）和瑟达·斯科克波尔认为，历史制度主义具有的三个特征是：集中关注那些重大的结果或令人迷惑的事件；突出事件的背景与变量的序列；以追寻历史进程的方式来寻求对事件和行为做出解释（何俊志，2002）。

在回答任何制度分析的核心问题即"制度如何影响个人行为"时，历史制度主义常常同时使用"算计路径"和"文化路径"两种路径，来具体阐明制度与行动的相互关系（彼得·豪尔，罗斯玛丽·泰勒，2003）。

"算计路径"：为了最大化地实现根据特定的偏好所设定的一系列目标，在策略性算计基础上，个体尽力采取策略性的手段及工具性行为，以实现目标从而使得自身利益最大化。此时制度发挥的作用表现在：通过对个体期望的改变，提供了与其他行动者相关的信息、协议的执行机制、对背叛行为的惩罚等。"文化路径"：个体被视为满意现存状况者，而不是最大化利益的实现者，其行为选择通常依赖于对形势的解释而不是纯粹工具性的算计。此时制度为个体提供了以符号、教义和惯例等为表现形式的道德上和认识上的解释，由于是一种惯例，所以制度长期存在（杨福禄，2006）。亦即因受到个人世界观的限制，此时个体的行为并不是完全策略性的。在经过制度的过滤后，特定的行动才被构建出来。制度不仅提供了何种策略才有用的信息，而且还影响着行动者的身份认同、自我印象和偏好（彼得·豪尔，罗斯玛丽·泰勒，2003）。

从历史制度主义的视角来看，英国大学的相关行动者（包括大学、学科组织与研究人员等）在科研评估制度实施以后，大都采取了"算计路径"策略。即在"策略性算计"的基础上，英国大学的相关行动者

"寻求最大化地实现自己由特定的偏好所设定的一系列目标，并采取策略性的手段来实现这些目标，从而使得自身利益最大化"。此时，科研评估制度的影响是"通过对个体期望的改变"而实现的。科研评估制度之所以长期存在，是由于"制度内部存在着一种'纳什均衡'"，即因为背离这种制度会使自身的境况变得更坏，所以个体才坚持该制度（常文磊，齐晋杰，2010）。

何俊志（2002）认为：历史制度主义的历史观注重通过追寻事件发生的历史轨迹来找出过去对现在的重要影响，强调政治生活中路径依赖和制度变迁的特殊性，并试图通过放大历史视角来找出影响事件进程的结构性因果关系和历史性因果关系。在研究科研评估制度对大学学科发展的影响中，笔者将借鉴历史制度主义的做法，具体来说，本书要考察科研评估制度对大学学科发展的影响以及学科组织采取的不同应对策略；科研评估使不同的大学学科组织拥有不同的权力，从而导致它们在资源占有上的不均衡；原本为了鼓励竞争与提高高等教育质量的科研评估，在20多年的运作过程中，逐渐偏离了制度设计的初衷，带来了一系列负面效果；在研究、分析科研评估的过程中，应将英国的精英主义教育传统等因素整合起来进行通盘考虑。

因回报递增、交易成本、利益集团、信念等因素所致的路径依赖分析有助于理解特定的制度选择为何被锁定在自我强化的路径中，但制度在社会历史长河中也不是绝对静止不变的，在一些关键节点时刻，制度也会发生不同类型的变革（周湘林，2010）。英国科研评估（RAE）开始实施于1986年，而2008年则是一个"关键性枝节点"，因为这是最后一次科研评估了，它的替代者是卓越科研框架（Research Excellence Framework，REF）。

总之，本书将在新公共管理的视域里，采用历史制度主义和场域与惯习的分析视角，研究英国科研评估制度对大学学科发展的影响及其机制，从而在历史发展的脉络中，从制度、行为和观念的相互影响中更全面、深入、准确地把握科研评估制度对学科发展的影响机制。

　　本书的逻辑思路是：在新公共管理思想的影响下，注重竞争与评估的英国科研评估制度应运而生；然而英国高等教育场域与政治、经济场域的惯习差别很大，因此，从政治、经济领域中借鉴而来的科研评估制度在高等教育场域中并不是"如鱼得水"；科研评估使不同的大学学科组织拥有不同的权力，从而导致它们在资源占有上的不均衡，继而英国大学学科组织在科研评估制度的影响下，采取了相应的应对策略；同时，从历史制度主义的视角来看，科研评估制度实施之后，出现了路径依赖现象及意外后果，并最终使得该制度被卓越科研框架所取代。

　　本书的研究框架如图1.1所示：

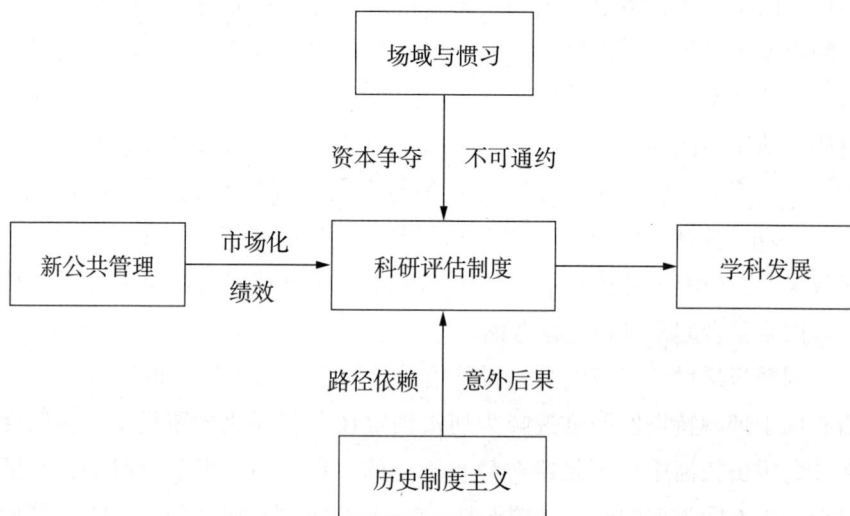

图 1.1　本书研究框架

第五节 研究方法

一、文献研究法

文献研读与分析是开展任何一项研究的基础性工作，因而在确定选题和写作的过程中都需要运用文献分析的方法。

文献资料根据其内容的加工方式，可以大致分为一级文献、二级文献和三级文献。一级文献又称第一手资料，是指原始文献，如报刊文章、会议文献、档案材料等；二级文献是将分散的一级文献加以整理组织，使之成为系统的文献，以便查找利用，如索引、文摘等；三级文献是在利用二级文献的基础上，通过对一级文献内容的整理分析编写出来的成果，如专题综述、评述等（李方，2004)[173]。

由于是作为一位外国研究者对英国科研评估制度和大学的学科发展问题进行研究，所以本书的资料搜集工作在某种程度上决定着研究的成败。为了尽可能地采用第一手资料来开展研究，笔者利用的资料搜集途径包括以下几个。①英国一流大学的政策文本，例如：Cardiff University Strategic Plan 2006/07 to 2010/11、Imperial College London Strategy 2006 – 2009，Towards Manchester 2015：The Strategic Plan of the University of Manchester，Research Strategy 2003 – 2008：Action for Excellence（University of Bristol），Oxford's Academic Strategy：A Green Paper（2005），等等。②科研评估方面的分析报告，例如：Evidence Ltd. 2002. Maintaining research excellence and volume：A report to the Funding Councils and Universities UK；Evidence. 2000. The role of selectivity and the characteristics of excellence：A report to HEFCE；Impact of selective funding of research in England, and the specific outcomes of HEFCE research funding（2005)；等等。③英格兰、大不列颠及类似国家已有的文献。④英国一流大学学科所提交的科研评估材料，其获取途径是1996年、2001年和2008年科研评估数据库。⑤电子图

书、期刊等数据库，例如 Springer、Justor 等。⑥英国相关机构、大学及院系网站，例如英格兰高等教育基金委员会（http：//www. hefce. ac. uk/），苏格兰高等教育基金委员会（http：//www. sfc. ac. uk/），英国高等教育统计局（http：//www. hesa. ac. uk/），英国研究委员会（http：//www. rcuk. ac. uk/default. htm），英国科研评估专门网站（http：//www. rae. ac. uk/），英国商业、创新与技能部（http：//www. bis. gov. uk/），英国罗素大学联盟（http：//www. russellgroup. ac. uk/），英国"1994 集团"（http：//1994group. ac. uk/），曼彻斯特大学（http：//www. manchester. ac. uk/），纽卡斯尔大学（http：//www. ncl. ac. uk/），华威大学（http：//www2. warwick. ac. uk/），澳大利亚国立大学（http：//www. anu. edu. au/）等。⑦利用一切条件与英国学者、专家交流，例如与曼彻斯特大学教育学院院长 Melvyn West 等进行面对面交流。

　　本研究将在多方面挖掘第一手材料的基础上，对文献和资料进行认真的分析。鉴于笔者的大学学科定义是"以高深专门知识为材料，承担现代大学的三大职能即科学研究、人才培养与社会服务的学科组织或学科领域"，所以本书拟将科研评估的指标体系重新划分为知识、组织和研究者等三个维度，并应用这三个维度将英国三所一流大学的学科评估材料进行重新整合，然后探究科研评估对大学学科发展的影响机制，并对之进行理论阐释。

二、历史研究法

　　历史研究必须牢固地扎根在古老的传统之中才能革新，既需要避免没有分析的描述，也需要力避没有实证研究的大归纳。"解释史实，说明历史事件的前因后果，或揭示事物表象下面的隐含实质才是历史学家的任务，而绝不能仅限于铺陈史料、描绘史实。历史首先是一门研究变化的科学。"（布洛赫，1997）[4]

　　只有从教育现象发生的过程中，教育研究者才能真正分析出教育结果的成因。由于历史情境的独一无二性，当时的历史情境下发生的结果对我们的现实并没有多少借鉴，"结果的形成原因和过程"和促成现在结果的各种矛盾冲突及其相互作用的机制，才真正能够给现实以启发，所以历史研究的价值不在于仅仅把结果呈现出来，更重要的是在对矛盾冲突的分析之中发现支配事物发展的内在规律（梁淑红，2008a）[6]。

本书应用历史研究法简单地梳理英国科研评估制度的发展历程，而且重在发掘历史事件背后的深层本质。英国科研评估制度绝不是凭空产生的，其出现的时代背景包括新公共管理思潮的涌现、撒切尔主义的实行和英国高等教育大众化等。

三、案例研究法

案例研究（又称个案研究）是定性调查最常用的方法之一，但它并不是纯粹定性的，许多案例既是定性的也是定量的。案例研究是对研究对象的选择，并不是一种方法论的选择。在研究特定的案例时，既可以通过反复测量，用分析的方法或整体的方法，也可以从阐释的、有机的、文化的角度或多种角度去研究（诺曼·K. 邓津，伊冯娜·S. 林肯，2007）[465]。

案例研究发现对理论发展与理论检验都具有重要意义。对理论发展、真实性检验和反常个案研究进行归纳可以揭示出新的或遗漏的变量、假设、因果路径及机制或相互影响。理论检验的目的是增加或减少对理论的支持，拓展或收缩理论条件，从两种或更多理论中选出最能解释个案、类型或一般现象的理论。

具体来说，案例发现对理论发展与检验的意义主要有三层（Alexander L. George and Andrew Bennett，2005）[109-124]：首先，它们也许建立、加强或削弱个案的历史解释；其次，更普遍的情况是，如果发现某种理论能够或者不能解释某个案例时，我们可以将它推而广之到包括该个案的某类案例；最后，最普遍的情况是，案例研究结论或许在某些情况下能够被推广到近似类型的案例中，能凸显某种相异案例中特定变量的作用，甚至可将结论推广到某种现象的所有个案中。

　　总之，对案例的研究结论进行概括并不是案例的唯一功能。为了对每个案例做出独特的历史性解释，研究者可能要研究各种模式的个案。同样，研究者也许仅仅研究几个甚至一个案例就揭示了新的适用于大量案例的因果机制。单一案例也能够对适用性很广的理论提出质疑。完全无法得出概括性结论的案例以及只用一个就可以得出大量概括性结论的极端案例并不常见。大量的案例都可以利用其研究结论逐渐修正已经做出的概括，并通过拓展或缩小结论的适用范围，或者剔除附加变量来做出新的概括。这些修正利用的是历史性分析的案例内分析和界定解释范围的案例比较法。案例内分析和案例比较法的相互作用是理论类型学的显著特征。

　　案例研究者的主要任务如下（诺曼·K. 邓津，伊冯娜·S. 林肯，2007）[481]：

　　①界定案例的范围，将研究对象概念化；②选择现象、主题或问题——研究问题——的侧重点；③寻找阐明问题的资料模式；④对用来解释的关键数据和主要成分进行三角测量①；⑤选择合适的解释方式；⑥提出断言或将个案概化。除了第一步以外，剩下的步骤与其他定性研究者采取的类似。定性研究者越是关注个案的本质意义，研究的重点就越集中在个案的独特性，即独特的情境、问题和素材上。

　　案例研究是科学方法论的一部分，但它的目的却不仅仅是促进科学进步。虽然单个的个案或少数个案对于总体个案的代表性不足，对于总体推论的提出也缺乏依据，然而，"因为一项分析可以由多种理论观念来指导，所以一个个案研究可能会出现证实或进一步解释某种论断的情况，也可能会出现与论断相矛盾的结果"（Vaughan，1992）[175]。

---

　　①　对于定性个案研究工作来说，三角测量一般被认为是运用多种视角去阐明意义的方法，证实观察和解释的可重复性。创造性地运用"成员检验"，相互验证资料的来源，这是检验定性研究效度的一种必要形式（Glesne & Peshkin，1992；Lincoln & Guba，1985）。但是，它承认没有哪一种观察和解释是完全可以重复的；三角测量也适合运用不同的方法观察现象来阐明意义（Flick，1998；Silverman，1993）。

　　案例研究对于公共政策的制定和人类经验的反思也是一种有约束的力量。在一定程度上人们是从单个个案的描述中得到对其他个案的推论的——虽然并不总是正确，但还是可以被不同观点的人分享。案例报告的目的不是去代表整个世界，而只是代表个案。对于专业人员和政策制定者来说，案例研究的作用就在于其对经验的拓展（诺曼·K. 邓津，伊冯娜·S. 林肯，2007）[482]。

　　本研究选取英国三所一流大学的三个学科进行案例研究，主要利用这些学科所提交的科研评估材料（保存在 RAE1996、RAE2001 和 RAE2008 的数据库中）。然后从笔者的大学学科定义出发，将这些评估材料按照知识、组织和研究者三个维度进行重新整合，期冀通过文本解读提炼出一些带有规律性的研究结论。

全书主旨与篇章结构

　　依照研究顺序，本书的研究内容大体分为以下几部分：

　　第一部分是引言。该部分首先提出核心研究问题即英国科研评估制度对大学学科发展的影响机制，然后在文献综述的基础上对核心概念进行了界定，接着简单介绍了新公共管理理论、社会学场域理论和历史制度主义理论，最后对论文的篇章结构和内容安排做了简要说明。

　　第二部分首先对英国科研评估制度的产生历程进行了描述，然后从结构影响、路径依赖与制度变革三方面对该制度进行了深入分析。接着运用社会学的场域理论对英国高等教育场域进行分析，继而剖析了科研评估的指标体系，从研究成果、组织和研究者等维度对之进行了重新整合。

　　第三部分通过三所大学中三个学科的科研评估案例来考察科研评估制度对大学学科发展的具体影响，研究路径是将这些学科的科研评估材料按照研究成果、组织和研究者等三个维度进行重新整合。案例研究是为了验证或证伪前人或笔者的某些论断，从而为最终的结论归纳与理论概括打下坚实的基础。

第四部分对三所大学三个学科的科研评估材料进行对比、分析，主要围绕科研评估是否符合制度设计的初衷之一即是否实现了对原创性科研成果的评价之目的，以及科研评估制度对大学学科发展的影响机制来进行。然后尝试从新公共管理、历史制度主义和社会学场域的视角对该影响进行理论阐释。最后，探讨了英国科研评估制度对中国大学学科发展的借鉴意义。

第五部分是结束语，总结了本书的主要研究结论、主要创新之处，并指出了研究的局限性和进一步努力的方向。

具体来说，全书的内容是：第一章，引言；第二章，英国科研评估制度的起源与变迁；第三章，英国科研评估制度剖析；第四章，英国大学学科科研评估案例（上）；第五章，英国大学学科科研评估案例（下）；第六章，科研评估体制下英国大学学科发展的总结与启示；第七章，结束语。

第二章　英国科研评估制度的起源与变迁

　　解释制度的生成和变迁一直是社会科学研究中的重要课题。历史制度主义的制度变迁理论可以从三个方面展开，即制度生成、路径依赖和制度变迁。任何制度都起源于一个已经充满制度的环境之中。同时，在构建之后，任何制度都会因为初始成本的高昂、学习效应、适应性预期和合作效应等，从而导致制度的路径依赖。然而，在极端的情况下，制度同样有可能发生变迁。历史制度主义从三个方面来认识制度的变迁，即制度功能的变化、制度的演进和制度的断裂（何俊志，2003）[163]。

　　本章分析的基本框架可以归纳为如下三个方面：第一，结构上的制度影响。主要分析英国科研评估制度背后的深层结构，并找出制度背后的宏观体制因素，以解释特定结构中具体制度的生成与演变。科研评估制度背后的宏观体制因素主要包括政治经济体制与文化观念等。第二，历史时序上的路径依赖与回报递增。主要通过分析行动者的学习效应以及由于回报递增所致的制度自我强化趋势来考察英国科研评估制度变迁的路径依赖现象。第三，制度变革的关键节点。尽管制度变迁会出现路径依赖现象，可能会抗拒变迁，但是在一些关键节点时刻，制度也会产生变化。本书主要分析英国科研评估制度在什么时候发生了哪种类型的变迁。

英国大学作为学术自由的独特机构，在 20 世纪之前一直保持超然的独立姿态，国家既没有责任也没有权力干预大学的发展。在 20 世纪之后，随着学校教育的国家化，政府以经济资助为手段，通过设立各种教育监管机构，开始插手大学的发展（梁淑红，2008a）[4]。随着英国高等教育大众化的逐步推进，高等教育经费日益出现紧张局面，特别是 20 世纪 70 年代末期，由于受到世界性经济危机的沉重打击，以及公众对于高等教育质量关注程度的日益加深，英国政府开始逐步加强对大学的控制，相继实施了科研评估（RAE）和教学评估活动。前者是由高等教育基金委员会组织实施的，后者是由高等教育质量保障局（QAA）实施的。

那么，英国科研评估制度出台时的社会环境如何呢？潘懋元先生指出，制约一个国家高等教育制度的主导因素是生产力和科学技术发展的水平、政治制度与经济发展水平以及文化传统（黄福涛，1998）[219]。因此，本章将首先对英国科研评估制度的产生历程进行描述，追溯该制度出现的时代背景，剖析科研评估制度的影响因素，在高等教育大众化的视域里把握科研评估出现的政策脉络，探讨新公共管理思潮和撒切尔主义对英国高等教育的影响，然后对英国科研评估活动进行制度分析，主要从结构影响、路径依赖与制度变革三方面入手。

第一节　历程描述：科研拨款效率的凸显

在历史制度主义者看来，任何事件的展开都是在某一特定的历史进程中出现的，制度实际上也就是某一历史进程的具体遗产。所以本书在研究科研评估制度时首先将追寻其生发的过程。同时，笔者还要借鉴历史制度主义的分析方式，将该制度生发的历史视界进行放大，从而在一个更大的历史框架内从事件生发的先后顺序中找出那些影响事件生发的确切原因（何俊志，2003）[166-170]。而且尤为重要的是注意区分影响科研评估产生进程的短期因素与长期因素。

作为英国高等教育场域中科研经费分配制度的科研评估出现于 20 世

纪 80 年代中期，及至 2008 年最后一次，科研评估整整走过了 23 个年头。追寻科研评估制度的"生发过程"，追溯其形成与发展演变的历程，并挖掘影响该制度的短期与长期因素，有利于更深刻地把握该制度。也就是说，在研究英国科研评估制度时，绝不能忽视当时的政治、经济与文化环境。该制度出现的原因既有政治、经济等短期因素，更有文化等长期因素的积淀。

一、从疏远走向亲密：英国政府与大学的关系

历史上英国大学与政府之间的联系很少，这一局面在进入 20 世纪之后逐渐发生了变化。英国大学发展之初，经费多来自私人捐赠。经过几个世纪的演变，尤其是随着大学经济、社会功能的凸显以及高等教育国际化趋势的加强和公众高等教育需求的增加，英国政府才逐渐慢慢地建立了高等教育的拨款机构（见表 2.1）。

表 2.1　英国高等教育拨款机构演变

1889 年特定的大学学院拨款委员会（CGUC）	直属财政部，负责经费的分配、使用和分发，具有复审、视察、报告和考察的功能，拨款给发展相对成熟的城市大学学院
1905 年《霍尔丹报告》成立一个常设性的大学学院拨款咨询委员会	
1909 年农渔开发委员会	为农业和渔业领域的科学研究提供经费
1913 年医学开发委员会	为医学领域的科学研究提供经费
1915 年科学和工业研究部（DSIR）	为科学和工业研究提供经费，进一步增强英国的经济和军事实力
1919 年大学拨款委员会（UGC）	直属财政部，作为大学与政府之间的缓冲机构，而不是一个结构严密的官方组织，负责调查英国大学教育的经费需求并提出建议

续表

1989 年成立大学基金委员会（UFC）和多科技术学院与其他学院基金委员会（PCFC）	直属教育与科学部，有权决定对各校的经费分配数额，是独立的权力机构和法人团体，没有责任根据大学的需要向政府提供建议
1993 年成立高等教育基金委员会（HEFC）	直属教育与就业部，制定和执行政策，保证资金有效使用，为教育大臣提供咨询。

　　资料来源：包林静.2008.英国高等教育财政拨款体制研究［D］.桂林：广西师范大学：12.

　　1902 年，大学生开始由英格兰地方政府提供资助。1916 年，科学与工业研究部成立，直接对枢密院负责，为大学科研的发展创造了良好的客观条件。从 1889 年开始，英国中央政府向大学提供经费，1906 年成立负责国家给大学、学院拨款事宜的拨款顾问委员会，1919 年大学拨款委员会（University Grants Committee，UGC）成立。大学拨款委员会起初负责"调查英国大学的经济需求，向政府建议满足这些需求所需的由议会制定的拨款数额"，但是对于资金，政府并没有任何回报要求，在学校范围内，大学可以自由支配拨款而无须向政府做任何承诺。尽管政府对大学的拨款在"二战"之前呈现增加趋势，可是并未太多干预大学的内部事务，大学需求的传声筒和政府政策的执行者是大学拨款委员会一直扮演的角色。1943 年，大学拨款委员会的权限有所增加，即"在全国范围内搜集、检查与大学教育相关的信息"。由是观之，大学拨款委员会起初的功能定位只是包括咨询和执行，对于大学的发展并未过多干涉（Michael Shattock，1994）[2-3]。"二战"之后，大学拨款委员会的功能不再那么单纯，开始增加了干预大学发展的权力。但是 20 世纪 80 年代后大学拨款委员会的功能弱化，失去了大学和政府双方的信赖，大学基金委员会（Universities Funding Council，UFC）取代了大学拨款委员会，对所有的高等教育机构统一管理。

　　目前，议会、政府主管部门、拨款机构、高等院校是英国政府对高等院校的拨款管理的四个层次。全国的最高立法机构是议会，全国性的高等教育立法以及对大学系统的拨款都必须经由议会通过（湛毅青，等，2006）。作为政府主管部门，英格兰、苏格兰、威尔士高等教育基金委员会和北爱尔兰就业与学习部负责对高等院校的科研和其他相关活动进行拨款。

由此可见，英国高等教育拨款机构经历了从无到有，隶属机构从财政部到教育与科学部再到教育与就业部的复杂历程。从拨款机构的组织关系中笔者发现：国家逐渐加强了对英国大学的控制与管理，自从拨款委员会从财政部转到教育部门之后，其独立色彩逐渐减弱；拨款机构的功能由大学与政府之间的缓冲机构、负责搜集大学信息发展到能够制定和执行政策，很显然高等教育基金会更加向政府要求靠拢了。这也可以看作新公共管理思潮对英国高等教育的影响之一。

二、科研资助政策的变化：英国大学的双重科研拨款制度

梁淑红（2008a）[18]认为，"二战"后至 20 世纪 70 年代初，由于英国大学在经费上逐渐开始依赖政府，所以相应地让渡了自身的部分权利，并在很多方面接受政府的改革意见。

双重科研拨款制度正式确立的标志是 1965 年英国议会通过的《科学与技术法》。该制度将政府的科研拨款分为经常性科研拨款和项目性科研拨款两大部分。经常性科研拨款属于政府对大学的基本科研投入，由高等教育基金委员会负责，主要用于相关人员工资、学校基础设施建设、计算机和图书馆资源等的投入；项目性科研经费类似于我国的各类国家基金项目，由研究委员会根据大学科研人员的项目申报，以竞争的方式下拨（汪利兵，等，2005）。

英国议会批准的高等教育和科研预算分别划拨给高等教育和科研主管部门，即创新、大学与技能部（Department for Innovation Universities and Skills，DIUS）和科技厅（The Office of Science and Technology，OST），这两个部门再通过各自的拨款机构即高等教育基金委员会（HEFCs）和

研究委员会（RCUK）将资金分配给大学（王璐，尤锐，2008）。教学资金、科研和其他专项资金都包含在高等教育主管部门的预算中；科研主管部门通过 7 个专业研究委员会（Research Councils，包括 6 个科研委员会和 1 个艺术与人文研究委员会）拨付研究资金。于是政府对高校科研资助的两条资金流便形成了，这就是英国政府对大学科研的"双重资助系统"（dual support system，DSS），或者称为"双重科研拨款制度"（见图 2.1）（湛毅青，2006）。

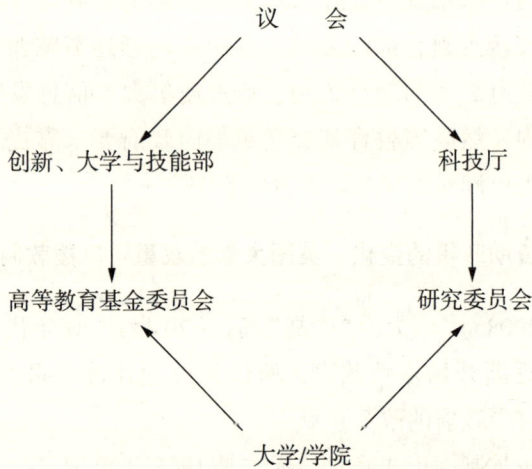

议　　会

创新、大学与技能部　　　　　　　　　　科技厅

高等教育基金委员会　　　　　　　　　　研究委员会

大学/学院

图 2.1　英国双重科研拨款制度结构

高等教育基金委员会对高等院校的拨款分为教学、科研、专项及指定项目基建拨款等四部分。其中份额最大的是教学拨款，超过拨款委员会拨款额的 60%，科研拨款居其次，大约占拨款额的 20%。

而项目性科研拨款或曰项目相关（Project – Related，PR）拨款则由英国政府贸易工业部所属的各研究委员会（Research Councils）负责。议会拨给科研主管部门的科研拨款首先按照学科分配给 7 个研究委员会，然后研究委员会按照竞争和择优原则提供专项科研拨款，以同行专家评议（Peer – Review）的方式决定是否拨给经费以及拨给经费的数量，将拨款分配到最有能力承担项目研究的大学（湛毅青，2006）。大学获得了 7 个研究委员会分配的约一半的科研项目资金，其余资金用于研究委员会的科研机构以及资助一些国际研究机构。而且研究委员会的科研经费仅用于科研项目，只能直接对项目本身进行资助。

目前，英国研究委员会的 7 个成员是（STFC，2008）：艺术和人文研究委员会（Arts and Humanities Research Council，AHRC）、生物技术与生物科学研究委员会（Biotechnology and Biological Sciences Research Council，BBSRC）、工程学和自然科学研究委员会（Engineering and Physical Sciences Research Council，EPSRC）、经济和社会研究委员会（Economic and Social Research Council，ESRC）、科学和技术设备委员会（Science and Technology Facilities Council，STFC）、医学研究委员会（Medical Research Council，MRC）、自然环境研究委员会（Natural Environment Research Council，NERC）。

例如，2002—2003 年度英国大学科研总收入为 37.73 亿英镑，其中 2/3 以上是由各级政府资助的，在双重资助系统中，政府资助了 52.94%，而其余 47.06% 的收入来自该系统之外的"第三方"。英国大学和学院该年度财政收入的 39%（包括教学拨款）来自高等教育基金委员会，5% 来自科技厅的研究合同（总额为 8.2 亿英镑）（HEFCE，2005）[5]。可见，高等教育基金委员会的科研拨款是唯一用于科研基础条件建设的经费，成为大学科研收入的最大来源（湛毅青，2006）。在 2008—2009 年度英格兰高等教育基金委员会的拨款明细表（见表 2.2）中，研究拨款占 23.5%，总额大约 14.6 亿英镑，其中与质量相关的研究拨款占 98.5%。另外，还有大约 0.25 亿英镑的附加资助用于支持费用高昂、脆弱的自然科学学科的发展。2004 年 7 月，英国政府公布了科学和创新十年投资框架。该框架再一次确认英国双重科研资助系统仍将继续发挥作用（HM Treasury，2004）。

表 2.2 2008—2009 年度英格兰高等教育机构 (HEI) 和继续教育学院 (FEC) 来自高等教育基金委员会的拨款明细

拨款总项目	分支项目	拨款数目 (英镑)
教学资金	核心资金	3709999265
	主流附加资助项目	56874110
	非主流资助项目	32729308
	机会拓展	364078535
	其他目的性资金	265765628
	其他周期教学拨款	167853881
	总数	4597300727
研究资金	与质量相关的研究	1436370364
	容量基金	22077102
	总数	1458447466
第三类资金	高等教育创新基金	112043150
	教学、研究适度基金	3126784
周期拨款总数		6170918127
费用高昂、脆弱的自然科学学科附加资助		24903729
2008—2009 年度拨款总数		6195821856

资料来源：Recurrent grants for 2008 - 09，HEFCE 2008/12；Recurrent grants for 2008 - 09：Final allocations，HEFCE 2008/40。表格系笔者根据相关数据整理制作而成。

三、从放任走向干预：英国科研评估制度出现

(一) 科研评估制度出现的政策脉络

在英国高等教育发展史上，传统大学向来拥有极高的学术自主权，基本上其办学不受中央政府控制，各校可自行建立符合自身状况的教育

绩效与标准，且不需经政府同意（陈立轩，2007）[76]。

英国大学科研评估的出现与英国教育主管部门对大学经常性科研拨款的政策变化有密切关系（汪利兵，等，2005）。过去，英国高等院校获得的科研经费的多寡与院校层次地位有着密切的关系（付媛媛，2008）[23]。20 世纪六七十年代以降，世界各国高等教育的学生规模急速膨胀，社会需求日益多样，教育成本不断上扬，办学经费开始捉襟见肘。随着大学从"象牙塔"步入社会"轴心"，高等教育的质量、效率和社会适应性开始被社会审视，同时自身的特色、水平和经费使用效益亦开始被大学关注。评估和拨款紧密结合的迹象遂在国际高等教育界出现了（汪利兵，等，2005）。在英国，20 世纪 60 年代起，院校分层和资助的选择性问题开始提上议事日程。1965 年，科学和工业研究部宣布赞同采取选择性原则（Maurice Kogan and Stephen Hanney，2000）[93]。1967 年科学政策委员会的《第二份科学政策报告》、1967 年大学拨款委员会的指南文件以及1970 年科学研究委员会的报告《选择性和科研资助的重点》都谈到了类似问题。

20 世纪 80 年代之前，在各大学的年度总项经费（block grant）中，包含着英国政府通过大学拨款机构向大学下达的经常性科研拨款，由各大学自行决定在教学和科研方面如何分配。而不断扩大的英国高等教育规模及日益增大的政府财政压力，使得传统的大学自主和学术自由逐渐被加强科研拨款的选择性、透明度及提高政府科研拨款的使用效率取而代之。自 1986 年以来，英国大学科研拨款中引入了择优分配机制。1986—1987 年度，英国大学拨款机构在政府的指导下，引入新的公式化拨款模式（formula-based funding model），对大学的经常性拨款由政府开始分别根据教学和科研两大标准核拨。当科研拨款从教学拨款中分离出来之后，科研拨款的重要判断标准便是科研质量。于是，以评估结果作为科研拨款依据的科研评估制度（RAE）便应运而生（汪利兵，等，2005）。

1986 年，英国大学拨款委员会开始推行科研评估制度。1992 年，英国高等教育基金委员会成立，科研评估被沿用下来。

20 世纪 80 年代以来，英国政府公布的文件、报告和法规涉及了高等教育的效率、规模、质量、经费资助重点以及高等教育与工商界的关系，而且高等教育政策体现出三个特点，即注重效益、强化质量和加强科研资助的选择性。

1984 年，大学拨款委员会公布《进入 90 年代的高等教育战略》，建议 "在大学的研究经费分配中，为了确保资源的使用达到最大的效益，应采取更具选择性的措施"（Maurice Kogan and Stephen Hanney，2000）[96]。为此，有人主张将大学分成研究型（research）、教学型（teaching without research）和研究教学混合型（mixture）三类，并按类决定大学的经费分配额度。

1985 年，《贾勒特报告》（即《大学效率研究指导委员会报告》）发表。该报告建议政府从事务性的管理中超脱出来，仅仅负责提供政策指南和检查，而长期发展计划和战略则由大学拨款委员会和大学自己去制定（Stewart，W A C，1989）[233-234]。另外，大学政策和管理结构问题，诸如大学委员会的作用、院校发展计划、大学副校长作为学校首席执行官的地位以及财务管理等问题，《贾勒特报告》都有所关注。该报告是 "未来大学行政管理的基础"（Stewart，W A C，1989）[233-234]。

1986 年，大学校长委员会（Committee of Vice Chancellors and Principals，CVCP）公布了《雷诺兹报告》，提出了一套具有操作性的学术标准，要求通过监控来保障大学教育质量。

1987 年，《高等教育：迎接挑战》白皮书公布，再次强调了政府对高等教育效率的关注："每所高等院校的效率和国家整个高等教育系统的效率，都是政府所关心的。" 在白皮书中，师生比、单位成本支出、科研补助和收入、受赞助的学生获得高级学位的比例以及毕业生初次就业情况等指标构成了高等院校的效率。（国家教育发展与政策研究中心，1987）[707] 高等教育的质量问题在《高等教育：迎接挑战》中得到了特别强调，白皮书认为，高等院校自身是高等教育质量的主要监控和维护者，"外界既不能直接提高质量，也不能强使高等院校提高质量"。但政府可以"建立适当体制以促使高校负起提高教育标准的责任，并对其进行监督"（国家教育发展与政策研究中心，1987）[697-698]。

1987年，大学拨款委员会公布了一份名为《加强大学地球科学研究》的报告，提出了要按科研潜力划分院校等级的设想。随后越来越多的人认可了对科研进行选择性投入的观点。例如经济与社会研究委员会的经费资助就带有明显的选择性，该委员会的经费大部分都流向了沃里克、牛津、剑桥、伦敦和曼彻斯特等大学（Maurice Kogan and Stephen Hanney，2000）[101-102]。

《1988年教育改革法》声称要根据质量来进行经费资助。1989年，资助的教学质量标准和研究质量标准被大学基金委员会（University Funding Committee，UFC）在"1991—1992至1994—1995年度资助计划"中提了出来（Maurice Kogan and Stephen Hanney，2000）[122]。这表明英国政府正在逐渐运用经费资助的杠杆来促进高等院校自身的质量监控。

随后英国政府又陆续发布了《高等教育：一个新的框架》（1991）、《教学与高等教育法》（1998）、《迈向2006年策略》（2002）、《高等教育的未来》（2003）等教育政策，其做法充分地显现了市场的力量。

（二）英国科研评估活动的实施

迄今为止，科研评估活动（RAE）总共进行了6次，分别是1986年、1989年、1992年、1996年、2001年和2008年评估。评估组在RAE1986至RAE2008的几轮评估中，是以学科为评估单位（Unit of Assessment，UoA）。一个评估单位经常属于一个小组，但一个小组也可以包括几个评估单位。一般9—18位专家组成一个评估小组，其中来自国外的著名专家约占1/2。来自学术团体的成员占主体，但工商界人士也有所参与。在任命评估人员时，地区覆盖范围、性别结构和高等院校的类型等都需要拨款机构仔细斟酌。评估小组的成员包括主席都是以个人身份参与工作的，并不是任何特定机构和组织的代表。应用相同的尺度标准，专业评估小组在评估之后，对提交的每一份评估材料给出评级，其主要依据是科研成果达到国际、国内优秀标准的比例。基础研究、战略研究以及应用研究都在评审中被赋予相同的权重，对于研究成果的各种发表形式（书、论文、研究报告等），都一视同仁。

出于时间、评估完善程度及侧重点的考虑，本书主要关注 2001 年和 2008 年科研评估的情况，必要时会兼及 1996 年科研评估。

1. 2001 年科研评估的实施

在 2001 年英国科研评估中，参加评估的高等教育机构在准备和提交书面报告时，必须按学科领域进行。其中包括以下资料（HEFCE，2000）：

（1）全体研究人员概况（RA0）。其范围涵盖本学科的研究活跃型人员、1996 年 1 月 1 日至 2001 年 3 月 31 日期间在岗的研究人员、博士后及研究生研究助手、技术员、实验员和其他有关人员。

（2）研究活跃型人员详细信息（RA1）。即 1996 年 1 月 1 日至 2001 年 3 月 31 日期间在岗的研究活跃型人员（具有独立进行科研的能力，能够独当一面且有一定科研成就的研究人员）的详细情况。

（3）本学科研究成果状况（RA2）。其中，主要研究人员必须是 1996 年 1 月 1 日至 2001 年 3 月 31 日期间在岗人员。艺术与人文学科（UoAs 45—67）必须提供的代表性研究成果为 4 项（1994 年 1 月 1 日—2000 年 12 月 31 日），而 2000 年 4 月 1 日至 2001 年 3 月 31 日期间调动工作的必须提供 2 项有代表性的科研成果；其他学科（UoAs 1—44，68，69）必须提供的代表性研究成果为 4 项（1996 年 1 月 1 日—2000 年 12 月 31 日）。其中，成果的信息包括篇名、出版物名称、卷期、页码、出版年月、国际标准刊号、合著者姓名、刊物类型。

（4）参与科研活动的研究生数和研究生学位授予数（RA3a）。具体包括参与科研活动、1996—2000 年在学的全日制和非全日制攻读的硕士、博士生总数，1996—2000 学年授予的硕士、博士学位总数。

（5）享受的科研奖学金数（RA3b）。奖学金的授予者主要包括：英格兰科技厅、英格兰科学院、苏格兰教育与工业部、苏格兰内政部、苏格兰卫生部、北爱尔兰教育部和北爱尔兰农业部、艺术与人文研究委员会、慈善机构（UK - based charities）和团体基金会、英国政府与海外发展部、英国地方政府、卫生及医院机构、英国工商企业、大学、海外机构及其他任何主体。

（6）本学科获得的政府研究资助及从其他渠道获得的研究合同收入情况（RA4）。科研资助的主要提供者包括：英国科学与技术部、英国科技厅的研究委员会（OST research councils, et al）、艺术与人文研究委员会、高等教育基金委员会（英格兰高等教育基金委员会 HEFCE、苏格兰高等教育基金委员会 SHEFC、威尔士高等教育基金委员会 HEFCW 和北爱尔兰教育部 DENI）、工业部门和基金委员会、慈善基金会、英国中央及地方政府、卫生及医院机构、欧共体、欧共体以外的其他团体、海外机构及其他主体。

（7）本学科研究陈述报告（RA5a），包括研究环境、研究组织、研究政策及发展战略等。

（8）附加信息（RA6a）。主要包括能够表征研究质量的其他科研成果及令评估专家关注的其他信息，例如研究者出席重要及国际会议、合作开展的项目、获得的主要奖项及荣誉头衔、与工商业界的联系等。

另外，如果某评估单位细分了研究群组的话，也需要将研究群组名称及编码列出（见表2.3和表2.4）。

专栏一

A—D 类科研活跃型人员

A 类，在职学术人员，在递交申请的规定时间里（1996 年 1 月 1 日—2001 年 3 月 31 日）在所属机构领取薪水，且必须在规定的时间里与高等教育机构有正式的劳动合同，并标明研究和/或教学是他们的首要任务。A* 类，在统计日期截止前的 12 个月内（2000 年 4 月 1 日—2001 年 3

月 30 日）调往其他单位的人员。B 类，指 1996 年 1 月 1 日后与院校签订合同的人员，或在此日期之后到统计日期（2001 年 3 月 31 日）之前调出（或调入同一所大学的其他学系、在其他评估单位参与评估）的人员，以及达不到 A 类要求的人员，但并不包括 A* 人员。C 类，独立的研究活跃者，虽不够资格列入 A 类人员，但其研究在规定时间内主要在申请单位内进行。D 类，指符合 C 类人员要求但该期间（1996 年 1 月 1 日—2001 年 3 月 31 日）不在岗的独立科研人员。

表 2.3　2001 年科研评估提交的材料

全体人员概况（RA0：staff summary）
研究群组（research groups）
研究活跃型 A 类人员的详细信息，学术人员包括 A 类人员最多 4 篇代表作（RA1 and RA2：staff and output details）
参与科研的研究生数及授予的研究生学位数（RA3a：research students details）
研究奖学金的数目及来源（RA3b：research studentships details）
外部科研收入的数额及来源（中央政府、地方政府、研究委员会等）（RA4：research income details）
研究组织、环境与师资政策（RA5a：structure, environment and staffing policy）
同行尊重情况（获奖、出席会议、学术兼职与担任荣誉头衔等）（RA6a：additional observations, evidence of esteem）

表 2.4　2001 年科研评估提交的材料归类

项目	要求
人员信息	1. 科研人员概况 2. 在职科研人员信息 3. 科研辅助人员及助手
研究成果	每一位科研人员的 4 项科研成果

续表

项目	要求
文本描述	1. 科研环境及机构信息 2. 科研发展战略 3. 科研质量信息及改进措施
相关数据	1. 科研拨款数额及来源 2. 科研人员数量及来源 3. 科研评级 4. 声誉指标

2001 年科研评估将高等教育机构提交的科研成果划分为 68 个评估单位，并成立了 60 个评估小组。此次采用的评级标准共分七级（见表 2.5），由高到低依次为：5*、5、4、3a、3b、2、1。在英格兰，只有评级为 4 级以上的学科才能获得该项拨款，科研评级高的大学获得的科研拨款比例较高。

表 2.5 2001 年科研评估标准

等级	等级描述（定级标准）
5*	提交的科研成果中一半以上的质量达到国际卓越水平，其余的也都达到国内卓越水平
5	提交的科研成果中接近一半的质量达到国际卓越水平，其余的也都达到国内卓越水平
4	提交的科研成果全部达到国内卓越水平，并有一些达到国际卓越水平
3a	提交的科研成果中三分之二以上的质量达到国内卓越水平，并有一些达到国际卓越水平
3b	提交的科研成果中一半以上的质量达到国内卓越水平
2	提交的科研成果中接近一半的质量达到国内卓越水平
1	提交的科研成果中没有达到国内卓越水平的项目

资料来源：HEFCE. 2001. A guide to the 2001 Research Assessment Exercise ［EB/OL］.

（2001 – 06 – 07）［2009 – 05 – 20］. http: //www. rae. ac. uk/2001/Pubs/other/raeguide. pdf.

2. 2008 年科研评估的实施

在进行科研评估活动准备时，提交材料指南会由评估工作组予以提前公布，高校会接到提交评估材料的邀请，同时提交评估材料的程序手册也会出台。高校提交的评估材料主要包括研究人员信息、各类出版物及其他形式成果的详细资料、研究生、科研经费收入及相关书面说明材料等（HEFCE, 2006）：

（1）科研人员详细信息（RA0、RA1）。全部研究成员概况（RA0），包括研究活跃型人员的全时工作当量（full – time equivalent，FTE）及总人数、相关学术支持人员全时工作当量的大致信息；研究活跃型人员的详细信息（RA1）。

（2）科研成果信息（RA2）。包括 2001 年 1 月 1 日至 2007 年 12 月31 日期间，每位研究活跃型人员的 4 项代表作（包括篇名、成果类型、出版物名称、出版年月、页码、卷期、国际标准刊号、数字化对象识别符、合著者姓名及其他相关信息）。

（3）参与科研的研究生（RA3a）及研究奖学金（RA3b）信息。研究生信息包括参与研究的全时和兼职研究生的数量及授予学位数；研究奖学金指的是所获奖学金的数量及来源，奖学金来自科技厅下属的研究委员会（OST Research Councils, et al）、慈善组织（UK – based charities）、中央政府、地方政府、卫生与医院系统、工商业界、大学、海外机构等。

（4）科研收入（RA4）。即外部科研收入（来自研究委员会、中央及地方政府机构、慈善机构、欧盟等）的数量及来源。

（5）科研环境和声誉信息（RA5）。包括：科研环境信息及同行尊重情况（RA5a），例如研究组织与文化（research structure and culture）、师资政策（staffing policy）、研究战略（research strategy）、未来计划（future plans）；研究人员详细信息（RA5b）；C 类人员的详细情况（RA5c）等（见表 2.6）。

A—D 类科研活跃型人员

A 类，在递交申请的规定时间里在所属机构领取薪水的在职学术人员。在规定的时间里，此类人员必须与高教机构签署了正式的劳动合同，并指出他们的首要任务是研究和/或教学。B 类，指 2001 年 1 月 1 日后与院校签订合同的人员，或于该日期后至统计日期（2007 年 10 月 31 日）前调出（入）的人员，同时还包括其他不符合 A 类要求的人员。C 类，尽管达不到 A 类人员要求，但其研究在规定期间内主要是在申请单位内进行的研究活跃人员。D 类，虽然达到了 C 类人员规定，但在规定期间（2001 年 1 月 1 日—2007 年 10 月 31 日）内不在岗的独立科研人员。

表 2.6 2008 年科研评估提交的材料

研究群组（research groups）
全体人员概况（RA0：overall staff summary）
研究活跃型 A 类和 C 类人员的详细信息，学术人员包括 A 类人员最多 4 篇代表作（RA1、RA2 and RA5c：staff and output details and Category C staff circumstances）
参与科研的研究生数及授予的研究生学位数（RA3a：research students）
研究奖学金的数目及来源（RA3b：research studentships）
外部科研收入的数额及来源（中央政府、地方政府、研究委员会等）（RA4：research income）
研究环境与同行尊重情况（获奖、出席会议、学术兼职与担任荣誉头衔等）（RA5a：research environment and esteem）

另外，2008 年科研评估活动设计了专门的数据采集系统，高等教育机构必须通过此系统提交申请信息。

2008 年科研评估仍然以学科为基础，采用了同行专家评议法。在此次评估中，评估组的组织结构仍是"双层结构"。即在 67 个次评估小组

（即前几轮评估中的评估单位）之上设立 15 个主评估小组，负责以同一母学科为基础的 3 个或以上的次评估小组。另外，2008 年科研评估还设置了辅助次评估小组进行评估的特别专家小组，主要负责跨学科、交叉学科及次评估小组较难评估领域的评估工作。

2008 年评估结果的呈现形式是质量概评报告（quality profiles）：次评估小组首先依据评价标准和方法对申请材料进行评估，并将建议提供给主评估小组，然后受评对象的质量报告则是由次评估小组综合各方面情况形成，并由主评估小组签署公布。评估小组在综合分析每份申请材料三个部分的内容即科研产出、科研环境和声誉指标（研究成果的权重不得低于 50%，研究环境的权重不得低于 5%，受尊重情况的权重不得低于 5%）之后，再来判断每份申请在多大程度上满足了四个评估等级标准或者没有达到等级标准（HEFCE，2005）。

同时，英国高等教育基金委员会对 2008 年科研评估体系进行了一些改革。主要是对 2001 年的指标体系中某些描述不太具体的项目重新进行了规定，并针对级别层次太多的意见，减少了等级（见表 2.7 和表 2.8）。

表 2.7　2008 年英国科研评估等级

等级	质量等级标准
4*	在创造性、重要性和精确性方面达到了世界领先水平
3*	在创造性、重要性和精确性方面达到了国际较高水平，但在某些方面还未达到最高标准
2*	在创造性、重要性和精确性方面达到了世界水平
1*	在创造性、重要性和精确性方面达到了国内水平
没有等级	研究质量尚达不到国内水平，或提交成果不符合本次评估的相关规定

资料来源：HEFCE. 2005. RAE2008 Guidance on submissions ［EB/OL］. （2005 – 06 – 06）［2009 – 04 – 08］. http：//www. rae. ac. uk/pubs/2005/03/rae0305. zip.

表 2.8　2008 年科研评估质量概评报告样表

学科评估单位	全时科研人员数量	提交申请的科研活动达到标准等级的百分比				
		4*	3*	2*	1*	没有等级
大学 X	50	15	25	40	15	5
大学 Y	20	0	5	40	45	10

注：表格中的数据并不真实代表某个学校的情形。

资料来源：HEFCE. 2005. RAE2008 Guidance on submissions［EB/OL］.（2005 – 06 – 06）［2009 – 04 – 08］. http：//www. rae. ac. uk/pubs/2005/03/rae0305. zip.

3. 2001 年与 2008 年科研评估的异同

（1）2001 年与 2008 年评估提交材料的异同

2001 年和 2008 年科研评估提交的材料变化不大，都大致包括六项内容：全体人员概况，A 类和 C 类人员及其成果的详细信息，研究生数及研究生学位授予数，研究奖学金，科研收入，研究环境与声誉。

而两次科研评估之间的差异之处在于：第一，研究活跃型人员范围稍有不同，即 2001 年包括 A 类和 A*类人员，但 2008 年则包括 A 类和 C 类人员；第二，提交 4 篇代表作的信息发生了细微变化，2008 年比 2001 年增加了发表成果的数字化对象识别符等内容；第三，组织、环境与师资政策部分，细分的条目不尽相同，2008 年比 2001 年划分得更细；第四，最终结果的呈现形式不同，2001 年的评级共分为 7 级，分别是 1、2、3b、3a、4、5、5*，而 2008 年评估则采用的是质量概评报告的形式，其评级分为 4 级，分别是 1*、2*、3*、4*。

（2）2001 年与 2008 年评估拨款权重的变化

英格兰高等教育基金委员会的科研拨款资助政策近年来发生了比较大的变化。首先，将能够获得科研经常费拨款的资格，由原来的 3b 等级提升 1 级为 3a 等级，然后又提高到了 4 级，2008 年评估之后则是 2*级，即研究质量要达到世界水平才能得到科研拨款，缩小了科研拨款的资助范围；其次，将科研拨款的标准基数，由原来的 3b 等级提升 2 级到 4 级，

2008 年评估之后则是 2* 级；最后，扩大获得科研拨款资助的差距，从最高档次到最低档次的权重差距，由 1996 年评估的 4.05 倍大幅度扩大为 2001 年评估的 8.88 倍（HEFCE，2002），2008 年评估之后则继续扩大到了 9 倍（HEFCE，2010）。

第二节　制度分析：结构影响、
路径依赖与制度变革

曹正汉（2005）[26]将历史制度主义的方法论概括为以下两方面：①寻找制度背后更具普遍意义的基本因素（制度的深层结构），然后用这些具有普遍意义的基本因素来解释特殊的、复杂的制度现象；②在普遍存在的基本因素与特殊的制度现象之间建立逻辑联系，亦即说明从这些普遍性的基本因素到形成特殊的制度过程中的机制和条件是什么。

在描述了英国科研评估制度的产生历程之后，本节将从结构影响、路径依赖与制度变革三方面对该制度进行深入分析。首先，本节将剖析影响科研评估制度的宏观因素，包括新公共管理思潮、撒切尔主义及高等教育大众化；然后，从回报递增与路径依赖的角度分析科研评估制度存续的原因；最后，尽管因为回报递增等因素所致的路径依赖使得科研评估制度被锁定在自我强化的路径中，但是该制度并不是静止不变的，在一些关键节点时刻，科研评估制度也会发生不同类型的变革。

一、结构上的制度影响

英国大学的自治传统、新公共管理思潮、撒切尔主义、高等教育大众化等等，都是影响英国科研评估制度的宏观因素。科研评估制度的出现除了受到新公共管理思潮和撒切尔主义的影响之外，高等教育大众化的影响亦不容忽视。

（一）英国大学传统的自治、精英等文化观念与科研评估制度

由于任何制度创新活动都是在充满制度的世界中进行的，任何观念

的传播也必然要在现有的制度通道中展开，所以只有在翻译成适合于某种制度结构的术语之后，某种观念才能为制度通道所接纳。然而，在将观念翻译成能够为既存制度所接纳的术语的过程中，观念自身又必然会发生变形。正如从冲突中产生的制度常常会溢出于所有冲突参与者的预期之外，某种观念实体化制度的过程也常常有可能就是一个观念自身不断被改变的过程（何俊志，2003）[149]。

约翰·范德格拉夫（约翰·范德格拉夫，等，1989）[166]认为，英国的大学是经皇家特许的独立的法人，在传统上享有很大的自治权力。大学的自治，在很大程度上有赖于大学与政府双方的代表，基于对公众利益的共同认识，协商实际政策的能力。由于受到这种心照不宣的共同认识的庇护，教师们在传统上享有极大的独立性，他们可以不受政府和大学官僚结构的约束。然而，由于教育发展和开支上涨、经济危机和预算等原因，政府开始通过加强中央计划和财政监督，对大学的自治进行限制。尽管如此，大学教师还能在学生选拔、教师任命、课程及考试等方面做出自己的决策。

伯顿·R. 克拉克（1994）[140]认为，英国高等教育权力分配的传统模式是教授行会与院校董事及行政人员的适度影响的结合。学院和大学一直被特许成为自我控制的自治机构。每所学院和大学自己招收学生、设置课程、聘用教师。在这种模式中，行会权威一直十分强大。但是，董事管理制度和以副校长制为形式的某些行政权威也一直存在，并与较低层次的行会权威融合在一起。

与提倡平等主义、国有化和集体主义的工党不同，以撒切尔夫人为代表的保守党政府奉行精英主义、私有化和市场化原则，推崇精英主义教育。这在某种程度上正好体现了英国传统文化中注重"精英主义"和"学术至上"的特色。

在科研评估制度出现后，英国大学的自治与精英等文化观念得到了曲折体现。例如，科研评估对学术人员的倚重，科研经费的高选择性中所隐含的精英文化观念等。

(二) 新公共管理思潮与科研评估制度

1. 新公共管理思潮及英国的实践

新公共管理 (New Public Management, NPM) 又称新管理主义, 其实二者的内涵并不完全相同 (Rosemary Deem, 2006)。新公共管理被视为一套以公共选择理论为基础的管理策略, 致力于提高公共部门的效率和政府对于公共部门的控制 (Andreas Ask and Åke Grönlund, 2008)。时至今日, 发达国家政府都在实践中不同程度地遵循着新公共管理原则。

蓝志勇 (2003)[140-142]认为, 新公共管理改革最为直接的背景与土壤是20世纪70年代西方发达国家公共部门实践中所遇到的问题。尽管新公共管理改革的实践运动早在20世纪70年代末就已出现, 但作为一个概念的新公共管理 (NPM), 其实是在20世纪90年代初才出现的。

20世纪60年代末70年代初以来, 西方发达国家公共行政的理论与实践发生了重大的变革 (蓝志勇, 2003)[140-142]。以英、美为代表的西方发达国家对公共部门管理进行了一系列改革, 形成了一场政府改革运动。图2.2综合了官僚制和新公共管理的主要特征, 并揭示了在新公共管理驱动力下的转化过程。曾经支配了20世纪大部分时期的传统公共行政的基本原理与模式, 受到了新的理论与实践的挑战。20世纪90年代初期, 这些不同国家的改革实践形成了一种新的公共部门管理模式。随后, 此模式开始在全球范围内传播, 并影响了世界上许多国家的公共部门改革 (陈天祥, 2007)。在这次实践与理论的变革中, 新公共管理运动通常被认为是公共行政领域中最具有代表性的组成部分。

官僚模式

高度专业化

高度标准化

高度正规化

非常强调等级

规章制度和组织间的正式
交流

规则的增加

决策权力集中

个体的进取精神不足且缺
乏判断力

驱动力量 →

转化 →

新公共管理模式

注重经费削减和效率

缩减机构

地方分权

重视公民和顾客及服
务质量

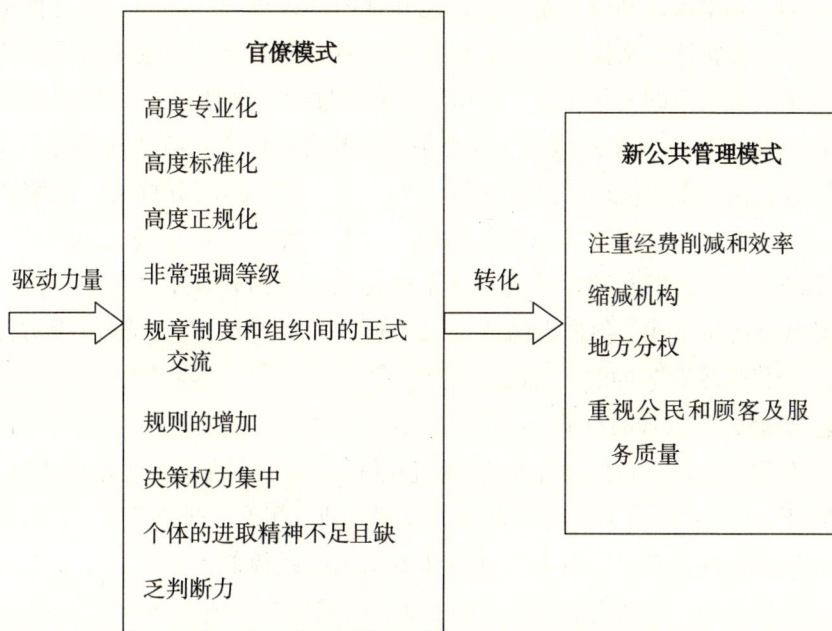

图 2.2   官僚模式向新公共管理模式的转化过程

资料来源: Sophia S. Philippidou, et al. Towards New Public Management in Greek public organizations: Leadership vs. management, and the path to implementation [J]. Public Organization Review: A Global Journal, 2005, 4 (4): 317 –337.

卓越（2006）认为，新公共管理改革最初发端于英国的公共行政改革实践。面对英国严峻的经济形势，以撒切尔夫人为代表的保守党政府开始了以新公共管理理论为指导思想的改革。新公共管理思想主要包括八个核心内容，即降低成本、收缩预算，提高资源分配的透明度，将传统的行政单位分解为单独的机构，在公共机构实行分权管理，区分购买者和供应者的职能、引入市场和准市场机制，设定针对员工的绩效指标，从终身雇佣制和国家标准薪金制向任期合同制和绩效酬金制过渡，并强调重视服务质量、设立标准以及对消费者的回应。

由政治家推动，建立在系统的改革哲学基础之上的英国的新公共管理运动，几乎渗透到所有层级、职能和部门的改革项目之中，具有世俗性和综合性特征。从撒切尔政府到布莱尔政府的改革，呈现出激进式改革向渐进式改革的变化轨迹。撒切尔政府通过"雷纳评审"、"财政管理创议运动"、《下一步》报告，使英国中央政府对地方政府干预要比当代其他任何国家都要深远，使英国从一个"统一的、高度分权的"国家成为一个"统一的、高度集权化的国家"（赫尔穆特·沃尔曼，2004）[107]。代表新工党利益的布莱尔政府沿袭了撒切尔政府的管理主义理念，但是开始放慢改革步伐，他推出的"第三条道路"的改革理念，分阶段实行其"现代化政府"的改革策略。

　　2. 新公共管理的特征

　　有学者认为，新公共管理的特征包括以下几个方面。①受效率驱动。起始于 20 世纪 80 年代初期的新公共管理运动，侧重于削减经费、提高效率和增强管理主义，受效率驱动意味着增加财政控制，加强对专业人员和工作人员的"指挥与控制"。②注重"缩减机构和地方分权"。这意味着组织形式从大型、等级制和官僚型向分权、网络状和灵活型转化，其主要趋势是结构变化及为地方政府授权。③"追求卓越"。在"支持部门"的运行中强调质量，主要关注学习型组织，不同层级的组织机构都要具有"企业型"思维方式，缩小国家对经济的干预范围等。④具有"公共服务导向"。重申对公民和顾客的重视是改革关键，尤其关注服务质量（"前哨部门"）、咨询和参与，该观点逐渐演化为"利益相关者思想"：在私营部门，企业的责任不仅仅是使股东收益最大化；在公共部门，要为职员、供应商和非营利性社团组织负责（Sophia S. Philippidou, et al，2005）。

　　但是，新公共管理也招致很多批评，典型的是：新公共管理忽视了公共部门与私营部门的差别。学者们声称新公共管理已经好景不再，其他的管理形式已经出现，例如目前的网络型政府、联邦主义和新的活跃型公民关系等新形式，而且它们重拾被新公共管理所忽视的诸如政治、系统整体思维和个人中心主义（重新转向公民而不是顾客）等议题。例如"电子政务"便是一种新选择。但无论如何，迄今为止在实践中，新公共管理仍然是管理策略的首选（Andreas Ask and Åke Grönlund，2008）。

通过分析学者们对新公共管理的主要观点和特征的概括，笔者认为新公共管理的主张主要可以概括为两点：第一，市场化改革；第二，绩效评估。新公共管理重视采用市场化手段改革公共部门和公共服务，竭力发挥市场作用；同时，对于公共部门进行绩效评估，保障其服务质量。

3. 新公共管理引入英国高等教育领域

有学者（John Milliken and Gerry Colohan，2004）总结出 1990 年以来英国公共部门中的主要变化，即：大规模私有化，提高市场作用，引入越来越多的在传统上属于私营部门的法人化治理模式。于是"新公共管理"出现了，公共部门也发生了文化变迁，其特征是：第一，重点从政策转向了管理；第二，传统的官僚制组织衰落，逐渐转向半自治的"法人化"机构；第三，特别强调经费的削减。这场以"效率、效益"为核心的公共管理领域内的改革也波及高等教育领域，并与其他因素一道，使得高等教育系统也发生了结构性变化。在高等教育场域，新公共管理尤其体现在：实行新的拨款方式；建立外部质量保证体制。引入这些体制是为了实现双重目标：加强政府对由其资助的大学活动的控制，使大学建立满足委托人需求的体制，因为他们可能提供资助。新公共管理措施集中于对研究进行评估，是高等教育系统结构性变化之一（Dominic Orr，2004）。

为了提高高等教育部门的效率和服务质量、满足公众的需求、迎合社会和经济的发展要求等，英国保守党政府对高等教育进行了改革。高等教育政策在公共部门改革的影响下也发生了变化。在国内外的各种形势压力下，为了继续保持国际竞争优势，英国政府开始思考如何使高校的科研能够更好地为国家发展服务，如何提高高校的科研质量及怎样才能使科研经费得到合理、高效的运用等问题。由于素来崇尚大学自治和学术自由，所以大学的内部科研质量保证制度遂被英国政府认为并不能保证大学所取得的科研成果更好地满足国家、地区或顾客当前的需要。

于是，以新公共管理思想为指针，英国政府认为实现其目的的最好办法便是外部质量监督，而科研评估便成为高校科研质量的外部监督保障机制（梁淑红，2008b）。

拉森认为，英国保守党的教育改革试图用白厅（指英国政府）支持的市场原则取代"二战"后的社会民主传统。在将学校预算及相关行为的管理责任和义务下放到学校之后，政府仍然决定着课程。与《1988 年教育改革法》相比，《1992 年继续和高等教育法》在政策上了已经发生了根本转向，前者关心的是把教育机构推向市场，而后者则侧重于质量和外部监督。以前的"进步"、"授权"和"地方管理"被"标准"、"专业化"、"选择"和"自治"所代替。克拉克、考克瑞恩和迈克拉夫琳（Clarke, Cochrane and McLaughlin, 1994）指出，当时的五种主要议题是：第一，强调市场手段；第二，提供种类繁多的社会福利，资助形式多样化；第三，在提供社会服务时追求效率和反应迅速；第四，劳动力的重组过程很复杂；第五，组织责任出现了新形式。新公共管理或新管理主义的主要特征是强调管理高层在组织领导和管理方面的作用（John Milliken and Gerry Colohan, 2004）。

综合已有的研究成果，本书认为新公共管理对英国高等教育的影响主要在两个层面上：第一，实行了新的强调市场作用的拨款方式，使得高等教育领域的竞争加剧；第二，集中于对研究进行评估，致力于追求学术卓越。

（1）强调市场的作用，高等教育领域竞争加剧

保罗·柯兰（Paul J. Curran, 2000）将英国高等教育领域引入竞争机制的一些关键事件总结为：1984 年约瑟夫·基思爵士（教育大臣）公布大学效率评估报告；1985 年《贾勒特报告》要求大学必须有工作目标，使拨款物有所值；1985 年大学拨款委员会（UGC）决定，与教学质量不同，研究质量可以量化；1986 年第一次科研评估实施，未与拨款挂钩；1986 年约瑟夫·基思爵士（教育大臣）商定，倘若实行选择性模式，就增加大学拨款；《1988 年教育改革法》规定多科技术学院脱离地方政府，

废止教师选拔和晋升中的终身制；1989 年教育白皮书决定实行选择性拨款，增加学生数目；《1992 年继续和高等教育法》赋予多科技术学院大学地位，所有大学和学院实行统一的拨款机制，由英格兰、威尔士、苏格兰和北爱尔兰基金委员会进行拨款；1992 年将教学和研究拨款分开；1992 年第三次科研评估实施，研究评级用于分配高等教育机构 90% 的研究拨款（影响随后 1993—1994 年度的拨款）；1993 年高等教育基金委员会约 20% 的研究经费转移给了其他机构（例如研究委员会）；1993 年第一次教学质量评估出炉，未与拨款挂钩；1996 年第四次科研评估实施，研究评级用于高等教育机构几乎所有的研究拨款分配；1998 年高等教育基金委员会开始讨论不同的教学拨款机制；2001 年第五次科研评估实施；2008 年第六次也是最后一次科研评估实施。

衡山惠子（Keiko Yokoyama, 2006）在总结了 2001 年科研评估与早期评估相比的主要特征之后，认为 2001 年科研评估使得研究环境的竞争性程度更高了。

（2）科研评估出现，追求学术卓越

英国是新公共管理的发源地和新公共管理改革的输出者。在不同时期，英国将不同的新公共管理思想引入公共服务的改革中，中央对这些改革领域的影响程度也不同。（Ewan Ferlie, et al, 2008）在英国高等教育领域，1986 年开始进行以提高拨款效率和科研质量为目标的科研评估。泰德·特普尔和布莱恩·萨特（Ted Tapper and Brian Salter, 2004）认为：20 世纪 80 年代后期，出现了希望英国高等教育采用新的治理方式的广泛的政治需求。英国高等教育拨款方式由拨款委员会向高等教育基金委员会模式转变，可以看作一种采用"新公共管理"治理方式的尝试。高等教育基金委员会的治理模式是一种互动过程：政府不断地为基金委员会制定政策目标（也就是说，原来的对话是单向的）；而基金委员会为贯彻政府政策，通过规章制度来和高等教育机构打交道。科研评估正是基金委员会实现政府政策目标的手段，其实施机制巧妙地契合了新公共管理的原则。

英国科研评估的两大功能是：第一，评判英国大学学者的研究质量；第二，把大部分国家资助分配给公认为具有国际水平的研究者。自从现代科学诞生以来，对学者的研究成果及作品的评估一直在进行着。但是直到最近，这些评估才主要由学术界实施，成为学术界的自我调节机制（Dominic Orr，2004）（见图 2.3 和图 2.4）。

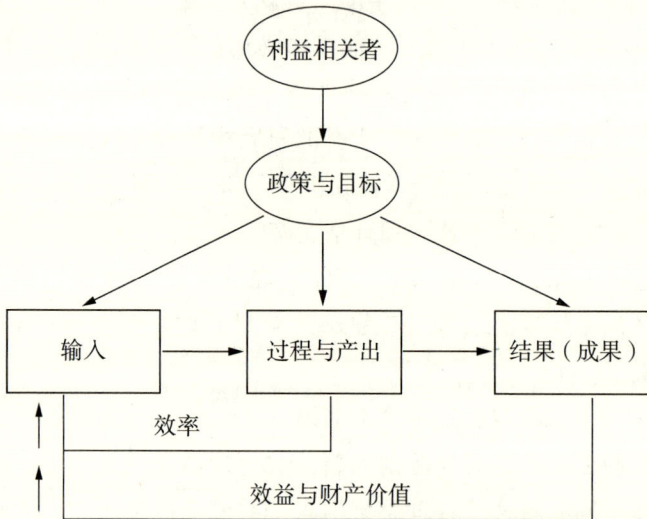

图 2.3　绩效模型

资料来源：Sophia S. Philippidou, et al. Towards New Public Management in Greek public organizations: Leadership vs. management, and the path to implementation [J]. Public Organization Review: A Global Journal, 2005, 4（4）: 317 - 337.

外部组织

评估工作组 { 以政策为中心 / 以高等教育机构为中心 }

同行评议委员会的成员选择与形成 { 学术与非学术人员的比例 / 国内与国际人员的比例 }

评　价 ——→ 结果

{ 不影响拨款 / 不涉及评分 }　　{ 奖励 / 没有直接后果 }

评估特征

评估重点

{ 产出、过程导向的评估 / 学科、项目导向的评估 }

评估对象 { 公开的自评报告 / 标准的自评报告 / 专门对象评估，例如发表的作品 }

内部组织

高等教育机构内部单位

{ 适应现有机构，例如教师/学院/研究 / 项目专门为评估构建专门机构 }

高等教育机构

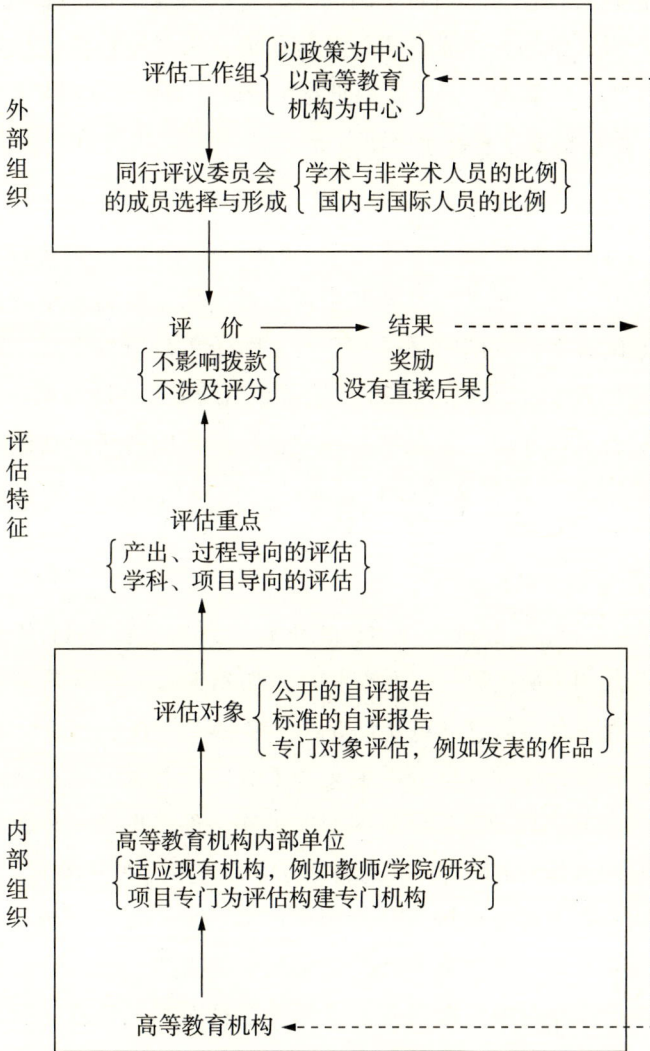

图 2.4　科研评估设计框架

资料来源：Dominic Orr. Research assessment as an instrument for steering higher education—A comparative study [J]. Journal of Higher Education Policy and Management，2004，26（3）：345 – 362.

在分析新公共管理思潮对英国高等教育的宏观影响的基础上，本书将通过对三所大学的三个学科进行案例研究，来考察科研评估对微观大学学科发展的具体影响，并以此来研究科研评估与大学学科发展的关系。

（三）撒切尔主义与科研评估制度

在制度创新的过程中，"有些原有的制度结构还有可能形成一种动态性的张力，并鼓励某种创造和革新"（Kathleen Thelen and Sven Steinmo, 1992）[24]。例如，英国的两党竞争制度鼓励政党为了赢得选举而提出带有激励和创新的方案，英国的责任制政府也赋予了政府以支持革新的强大行动权力（何俊志，2003）[149]。20 世纪后半期以来，在所有保守党执政的国家中，只有英国开展了大规模的制度创新。英国科研评估制度可以视为保守党政府为了提高高等教育领域的经费使用效率而设立的创新性制度。

1. 撒切尔主义的内涵

1979 年保守党新首相撒切尔夫人上台，开始了长达 11 年的执政生涯，她成为英国历史上第一位女首相。撒切尔夫人的上台是"二战"后英国政治、经济甚至教育的重要转折点（梁淑红，2008a）[83-85]。撒切尔夫人信奉货币主义，在党内是货币主义"干派"的领袖。她在任时期打破了"二战"以来英国政治、经济的旧有模式，逐步形成一种试图阻止英国长期相对衰落趋势的新战略，总称为撒切尔主义。姓氏被冠以"主义"一词，撒切尔夫人算是英国历届首相中的第一人。在整个 20 世纪 80 年代，"撒切尔主义"成为英国社会使用频率最高的一个政治术语（王皖强，1999）[1]。在此时期，撒切尔主义不仅是针对高等教育，而且是贯穿整个社会领域的改革路线，其作为社会各领域的指导思想，由不同的部门负责贯彻执行。

那么，撒切尔主义的核心是什么呢？有研究者（Kavanagh D, 1987）[12-13]认为，撒切尔主义的核心政策是货币主义，如果从更广泛的层面上分析，则可以将撒切尔主义归结为八项基本政策，包括稳定通货、降低税率、削减公共开支、加强政府权威等。还有研究者（梁淑红，2008a）[91-92]认为，撒切尔主义既包括新自由派所鼓吹的削减公共开支、低税、私有化等新自由主义的政策，同时也包括一系列保守的道德规范的准则，如种族、家庭关系以及宗教信仰等，这些都成为撒切尔夫人在选举中以平民主义为号召获取选民支持的砝码。1979 年保守党执政后，其主要矛头直指恢复"国有化的界限"、减少税收、削减社会服务的资金等方面。王皖强（1999）[310-316]认为，撒切尔主义是一种以改变国家与市场两者之间力量对比为主要内容的领导权战略（hegemonic strategy），其根本性的一点在于它试图在不改变英国现有宪政体制的前提下，建立起一种新型的国家与市民社会的关系。撒切尔主义的要义是使国家在一个最合适的程度上对市场领域进行干预，或者说寻找政治国家与市民社会之间的最佳交汇点。在 1979 年以后的连续执政时间里，撒切尔政府以重铸国家与市场的关系为宗旨，一方面减少国家干预，增强个人的选择自由，从而创造一个由市场力量起主导作用的社会，另一方面又对社会领域进行了大规模的国家干预，日益显示出权威化和中央集权化的趋势。撒切尔主义的最基本的特征之一是，经济自由主义与社会权威主义并存、减少国家干预与加强国家权威并行不悖。

总之，正如王皖强（1999）[306]所说，不管撒切尔政府出于何种动机和目的来实施工会立法、教育改革、国民医疗保健制度改革和地方政府改革，从这一系列政策的实际执行结果分析，只能得出这样的结论：中央权威是加强而不是削弱了，国家干预的"边界"不仅没有收缩，反而向前迈进了一大步。

2. 撒切尔主义对英国高等教育的影响

在 1979 年任职首相伊始，为了挽救低迷的英国经济，撒切尔夫人以货币主义政策取代凯恩斯经济政策，削减公共开支成为刺激经济的重要举措。在效率为先的指导思想下，撒切尔政府明显感到大学的无所作为与越来越重的经济负担："高等教育不再被认为是一种对熟练人力的投资而是引起'不必需'的税收的一项支出。"（Goffrey Walford，1987）[38]所以，削减高校经费，提升高校效率成为改革高等教育的基本原则。"这种少花钱、多办事的趋势是高教政策背景压倒一切的特征，而且为主要行动者急剧改变政策创造了条件。"（弗兰斯·F.范富格特，2001）[379]撒切尔夫人在 1981 年的《公共支出白皮书》中做出了削减高校经费的重大决策。大学经费平均削减 17%，50 所大学中有 13 所高于这个比例，损失最大的萨尔福德大学削减高达 44%。

　　笔者认为，以重铸国家与市场关系为宗旨的撒切尔政府既加强中央权威又倡导经济自由主义，使国家在一个最合适的程度上对市场领域进行干预。于是，20 世纪 80 年代以来，英国高等教育的市场化程度逐步加深，而且在经费紧张的情况下，为了重新分配科研经费以及提高经费的使用效率，引入了科研评估制度。而科研评估制度在较大程度上加强了英国政府对大学的干预，这与撒切尔主义是十分吻合的。

（四）英国高等教育大众化与科研评估制度

　　高等教育大众化是"二战"后各国面临的重要问题，英国高等教育的大众化历程只用了不到半个世纪的时间，这是英国高等教育在 20 世纪后半期取得的最为引人瞩目的成就（梁淑红，2008a）[8]。1963 年的《罗宾斯报告》为之后 20 年的英国高等教育扩展构建了宏伟的框架。报告认为，英国有能力使全日制高等教育的人数从 1962—1963 年的 21.6 万人增至 1973—1974 年的 39 万人，直至 1980—1981 年的 56 万人，适龄人口入学率将从 8% 增至 17%（瞿葆奎，金含芬，1993）[271-276]。《罗宾斯报告》所提出的"谁有资格谁受教育"的罗宾斯原则成为指导高等教育发展的基本原则，英国高等教育招生总量持续增加，到 1997—1998 学年，接受高等教育的人数已经发展到 170 万人，高等学校的数量增至 190 所，适龄人口入学率增至 32%，完成了从精英高等教育向大众高等教育的转型①（梁淑红，2008a）[2]。1991 年发表的白皮书《高等教育：一个新的框架》

---

　　①　马丁·特罗认为，适龄人口入学率在 15% 以内称为精英教育阶段，在 15% 到 50% 之间称为大众教育阶段，超过 50% 就进入了普及化阶段。

进一步促进了英国高等教育大众化的发展。为了达到促进高等教育大众化发展的目标，白皮书建议废除高等教育双重制，建立单一的高等教育框架。白皮书提出的许多建议很快在第二年公布的《1992 年继续和高等教育法》中得到落实（朱镜人，1997）。

梁淑红（2008a）[23-24]认为，自从按照适龄人口入学率这个标准，英国的高等教育到 20 世纪 80 年代末迈入大众化阶段之后，高等教育的质量和效率遂成为大众化更加深入的主题，且该主题至今仍是英国乃至世界各国高等教育政策的中心内容之一。

于是，英国政府为提高高等教育的质量及经费的使用效率，加强高校科研经费分配的选择性，于 1986 年委托高等教育拨款委员会组织实施了科研评估活动（RAE）。英国科研评估制度的出现，开始逐渐打破高等教育领域内科研经费原有的分配格局，这必将引起一连串连锁反应。

其实无论是英国高等教育大众化的政策主题转化为质量与效率，还是在新公共管理思潮影响下英国高等教育领域内引入竞争机制，致力于提高科研质量和经费分配的效率，抑或是撒切尔主义加强国家对大学的干预并在提供资金的同时向大学索取责任与效率，这些紧密相关的事件环环相扣，机缘巧合地聚集在一起，汇成一股合力，终于在 20 世纪 80 年代中期催生出了科研评估制度，随后该制度对大学学科发展带来了巨大的影响。

本书认为，对科研评估制度出现背景的多维度分析，符合历史制度主义的主要特征之一即"尤其关注将制度分析和能够产生某种政治后果的其他因素整合起来进行研究"。

二、历史时序上的回报递增与路径依赖

路径依赖（path dependence）是历史制度主义的四个特征中的重要方面。尽管社会科学家们使用这个概念的时间已经相当长，但是真正对路径依赖做了系统阐述的却是经济学家（何俊志，2003）[150-152]。

皮尔森认为，路径依赖有广义和狭义之分：广义上的路径依赖是指

前一阶段所发生的事情会影响到后一阶段出现的一系列事件和结果；狭义上的路径依赖是指"一旦一个国家或地区沿着一条道路发展，那么扭转和退出的成本将非常昂贵。即使在存在着另一种选择的情况下，特定的制度安排所筑起的壁垒也将阻碍着在初始选择时非常容易实现的转换"（Paul Pierson，2000）。何俊志（2003）[151]认为，路径依赖是指制度的自我强化机制，即一旦某种制度被选择之后，制度本身就会产生出一种自我捍卫和强化的机制，随着时间的推移，扭转和退出这种制度将越来越困难。阿瑟（Arthur，1994）提出，某种技术一旦在最初的选择中获得比较优势之后，正反馈的效果可能长久地锁定在这项技术之上，而且其竞争者将会随着时间的推移而被排除在外。而某种技术或制度一旦选定之后，往往就难以退出的原因包括：①高昂的建构成本或固定成本；②学习效应；③合作效应；④适应性预期（何俊志，2003）[152]。路径依赖现象广泛地存在于所有的社会生活之中。

周光礼和吴越（2009）将路径依赖发生的原因归结为：在交易费用占相当比例和信息不完全的市场中，存在回报递增现象。所谓回报递增，是指沿着特定道路，每一步行动产生出的结果对下一步都非常有吸引力。而且随着这类效果的累加，他们能够形成自我强化活动的强力循环。当行动者通过成本投资、学习效应、协作效应和适应性预期等方式得到的回报递增时，因为信息的不完全，便很难从初始的条件中跳出来重新寻找新的路径，从而导致路径的锁定。

英国科研评估制度在创立之后，逐渐被锁定在自我强化的路径中，出现了路径依赖现象。其原因包括：较高的制度构建成本；英国大学的相关行动者学习到了如何更有效地适应该制度，以取得更高的科研评级；作为"既得利益者"的一流大学群体在科研评估制度中获益匪浅，从而使得该制度不断硬化，它们也成为该制度下的"利益集团"；英国大学的相关行动者产生了科研评估将继续实施下去，唯有遵守该制度才能够获得科研拨款的"适应性预期"。而英国科研评估制度路径选择的实质是对当时英国经济领域市场化改革路径的依赖。

（一）科研评估制度路径依赖的原因分析

1. 较高的构建成本

科研评估制度的设置需要很高的初始成本，需要建立相应的工作机构，还会涉及组织问题。但随着该制度的持续推行，在规模效应的作用下，单位成本和追加成本逐步下降，对该制度的进一步投资将会带来非常高的报酬，也就是说继续推行将带来很高的回报。因为制定其他的替代性制度需要极高的构建成本，于是就使得科研评估制度的相关利益者有强烈的动机固守原有选择而不愿意进入到另一种制度之中。

2. 学习效应

英国科研评估制度运行中涉及的大学、学科组织及研究者，对该制度的不断重复活动使得他们学习到了如何更为有效地在现有科研评估体制之下活动，并抓住制度规定提供的获利机会，采取各种策略来提高大学学科组织的科研评级，进而获得更多的科研经费。

3. 合作效应

在英国科研评估制度的推行过程中，英国大学的相关行动者尤其是一流大学群体在该制度中获益匪浅，成为科研拨款的主要获得者。而且高等教育基金委员会、科研评估小组、大学学科组织等形成了一系列的工作模式、正式规则并制定了相关措施，于是一个相互关联的制度网络便形成了。英国大学的相关行动者逐渐适应了科研评估制度的规则，进而使得该制度不断硬化。

4. 适应性预期

随着以科研评估制度为基础的行为方式的盛行，英国大学的相关行动者遂产生了适应该制度的预期，即相信科研评估将会继续推行下去，且别人都会遵从相关的制度规则。因此，大学行动者为了在制度规设的秩序下求得生存与发展，往往比较遵守科研评估制度。

5. 利益集团

英国科研评估的初始选择提供了强化现存制度的刺激和惯性，大学的相关行动者认为，与另辟蹊径相比，沿着原有的制度变化路径和既定方向向前推进，会更方便一些。而且科研评估制度形成以后，大学的部分利益相关者形成了在现存制度中拥有既得利益的压力集团。他们力求巩固现有评估制度，担心变革会危及其预期利益来源，并倾向于力保变革有利于巩固和扩大他们的既得利益。所以，制度的延续与改革便很难跳出初始的划定范围（周湘林，2010）。

（二）科研评估制度路径依赖的实质

皮尔森认为，任何制度都不是单独存在的，每一套制度的存在都必然会有相关的制度来与之配套，从而在制度之间形成相互适应、相互补充和相互配合、相互拱卫和高度联结的状态，进而造成数项制度共同铸就的制度模块走上路径依赖的结果（何俊志，2003）[158]。

英国高等教育的"市场化"理念实际上来源于当时经济领域的改革思路，高等教育领域内的绩效评定也遵循了企业的效益评定标准。在这种"市场化"的价值目标定位下，高等教育改革的路径选择实际上是在复制当时经济的市场化改革模式，对经济领域改革路径的依赖是高等教育体制改革路径选择的实质①，而当时这种路径选择有其深刻的时代背景。20世纪70年代末以来，以新公共管理为指导思想的改革在经济领域取得了巨大的成功。于是，市场化改革在经济领域的成功经验被当时的政府顺理成章地复制到了高等教育领域。作为市场化改革的重要一环，英国政府在高等教育领域内创设了科研评估制度。因此，笔者认为，英国科研评估制度路径选择的实质是对英国经济领域改革路径的依赖。

---

① 《中国医疗卫生体制改革的路径实质是对经济体制改革路径的依赖》（陈小爱，张洁平，2010）一文认为：我国30年的医疗卫生体制改革未能取得良好效果的关键是政府对医疗领域"市场化"理念理解的失误，是对医改价值目标的定位失误，从而进一步导致医改在选择路径时依赖经济体制改革的路径。医疗产品的特性决定医改路径不能简单模仿经济体制改革的路径。医改的新路径是打破路径依赖，跳出制度模仿性同形机制，以"尽最大可能提高全民健康"为医疗机构的价值理念，方有可能取得医改的成功。

三、制度延续与变革

（一）制度转换：英国科研评估被卓越研究框架取代

在历史制度主义者看来，制度在形成之后，其流变分为制度存续的"正常时期"（normal periods）和制度断裂的"关键节点（critical junctures）时期"。即一旦制度被设计出来之后，随即就会进入一个正常时期的路径依赖时期，在这个时期内，制度与环境之间、制度内部的各项制度之间和冲突的各方之间在既存制度之下都保持着某种平衡；但是在制度的断裂时期，将有可能发生重大的制度变迁（何俊志，2003）[158]。

历史制度主义在论述制度的变迁时，认为制度变迁的方式可以分为制度功能的变化、制度的演进和制度的断裂。而将制度的正常时期与制度的断裂时期衔接在一起的因素就是历史发展和制度变迁之中的"关键节点"（critical juncture）。关键节点不但是一种制度变迁的断裂期，而且是新的历史发展道路上的重要转折点（何俊志，2003）[182-183]。在这一节点上，制度设计者们的某一重要决策直接决定了下一阶段的发展方向和道路。

周光礼、吴越（2009）概括了四种制度变迁的类型，即制度微调、制度转换、制度扭曲和制度断裂，其中前三种制度变迁是在原有的制度框架下的缓慢演进，第四种制度变迁是制度的急剧变化。

1. 卓越研究框架简介

随着英国科研评估的运行，资源分配日益出现了偏向精英大学的"马太效应"，而且科研评估也产生了很多负效应，这使科研评估招致了广泛的争议。所以在 2008 年英国高校科研评估之后，英国高等教育基金委员会又在酝酿着新的变革，研制、开发一套新的研究质量评估方案——卓越研究框架（Research Excellence Framework，REF）。该系统适用于所有的学科，并对两大主要学科采用不同的评估方法（HEFCE，2007）[①]：

---

① 部分译文参考了《英国高校科研评价研究》（付媛媛，2008）一文。

在自然科学、工学、技术学科和医学（SET）的研究评估中将引入科研收入、研究生培养信息、成果引用次数等指标。该过程将在由全英国学术界、成果使用者和国际专家的代表组成的 7 个专家团的监督下完成。在其他学科（非 SET），包括数学和统计学研究评估中，将尽量使用轻度同行专家评议法，以减轻目前科研评估形式下对大学造成的繁重负担。

推行了 20 多年的科研评估活动存在着一些不容忽视的缺陷，主要表现为耗资巨大、指标落后、妨碍创新。为解决这些问题，在 2008 年评估结束后，英国高等教育基金委员会决定对科研评估进行改革。改革体现在四个方面：缩减评估单位、更新评估指标、改变评估对象和转换评估方式。其中，最为重要的变革是科研成果影响力这一评价指标的引入，反映了英国推动科研成果转移速度、建设创新型国家的战略和决心（姜亚洲，2012）。

卓越研究框架（REF）是英国高等教育拨款委员会（The Higher Education Funding Council for England，HEFCE）正在开展的用于评价其高等院校的科学研究项目质量的新行动计划，将取代之前开展的科研评估活动（RAE）。

REF 的目标在于使英国高等院校的研究成果以动态的、具有国际竞争力的水准持续发展，并为经济的持续繁荣、国民福利、知识的增加与传播做出贡献。具体的目标有：提升高等教育研究数据库和各种研究项目的质量；支持和鼓励创新，包括新方法、新领域和交叉学科的工作；进行奖励和鼓励，如为有效地分享、传播和应用各项研究项目的成果，高等教育机构、商业组织和第三方组织之间交流有关观点和研究成员，对将卓越研究的价值传递给经济和社会的高等教育机构进行奖励；便于更好地管理研究数据库，并促使其可持续发展等。

2. 英国科研评估制度的最新变化

相对于科研评估活动（RAE），卓越研究框架（REF）的主要改革之处在于以下四个方面（HEFCE，2011）。

（1）缩减评估单位

为了解决跨学科的评估问题以及节约评估成本，高等教育拨款委员会决定在 2014 年 REF 评估过程中，将评估单位由原来的 67 个缩减为 36 个，根据评估单位组建 36 个专家评议组，而首席专家评议组由原来的 15 个缩减为 4 个，同时充分强调各个评估单位之间的统一性，以便在跨学科评估中能够让从事跨学科研究的人员获得公平合理的评估结果。

（2）更新评估指标

REF 评估将从成果（output）、影响力（impact）和环境（environment）三个方面对各高等教育机构的科研成果进行评估。

根据国际研究质量标准，对科研成果的评估包括"原创性、意义和精确性"三个方面。成果在整个评估体系中占到 65% 的权重。

影响力是取代以往学术价值（esteem）指标的一项新指标，主要指非学术领域的影响力。其含义指研究成果在经济、社会、文化各个领域所产生的影响。该项指标在体系中占有 20% 的权重。

所谓环境指科研的"活力和可持续性"，包括科研战略、科研队伍（人员编制以及培养研究生的数量）、经费使用情况、基本设施和设备以及与其他学科相互合作的情况。该项指标的权重为 15%。

（3）改变评估对象

RAE 是围绕科研人员个人的科研成果进行评估，其将科研人员依据跟大学的雇佣关系以及在评价周期内所在的职位分为四类。A 类科研人员指的是与高等教育机构签订正式雇佣合同的科研人员，并在整个评价周期内都在该高等教育机构工作。B 类科研人员指在评价周期内受雇于该机构但在评估结束时已离开。C 类人员指的是在高等教育机构之外但名义上属于该机构的从事科研工作的人员，如受其他科研组织、慈善机构或其他组织资助从事科学研究工作的人员。D 类科研人员与 C 类相同，但在评估结束时不再与该机构有关系。

在 REF 评估体系中，参评科研人员缩减为 A 类和 C 类两类，之前 RAE 评估体系中的 B 类和 D 类两类科研人员不再纳入评估范围。

（4）转变评估方式

以前所有的科研评估都主要采用两个层次的专家组进行同行评议（peer review）的质性评估方式，由于该方式耗费的人力、财力和时间成本都很大，所以备受诟病。为了节省开支，REF 评估决定采用专家评议（expert review）和量化评估相结合的方式，并增加量化评估即文献计量法（bibliometrics）的比重：对科研成果的评估以及经费分配，将大量采用量化数据的指标来进行，即将科研论文或著作的被引次数作为专家评议的主要参照指标。

3. 卓越研究框架执行时间表

卓越研究框架（REF）执行的具体时间表如下。

（1）2010 年，资助机构将组建专家小组，为高等院校提交材料编制指南；最终确定时间进度表，并颁布行动指南，包括高等院校对评估试点的反馈意见。

（2）2012 年，高等院校将提交相关证明材料，这些材料以 REF 认可的通用格式来呈现。

（3）2013—2015 年，评估各高等院校提交的材料并公布评估结果。基本流程包括：各评估小组评估各高等院校提交的材料；各小组将这些评议结果提供给一级学科小组；一级学科小组将和各小组一起召开会议以确保评估结论的一致性，并形成最终评估结论；公布评估结果。具体时间节点为（HEFCE，2012）：

2013 年 1 月，开始正式接受高校提交评估材料；2013 年 3—6 月，补充任命评估小组的成员；2013 年 7 月 31 日，对研究影响、研究环境、研究收入与博士学位授予数等材料的评估结束；2013 年 10 月 31 日，对提交的科研人员的甄别工作结束；2013 年 11 月 29 日，停止接受高校提交评估材料；2013 年 12 月 31 日，研究成果、研究影响的个案研究公布。

2014 年，评估小组对高校提交的材料进行评估，当年 12 月公布评估结果。

2015 年春，公布评估材料、学科小组评估总报告及其子报告。

（二）制度扭曲：科研评估的意外后果

皮尔森从"裂口效应"（gap effect）的角度论证了制度一旦被设计出来之后就可能脱离设计的原有期望而独立存在，从而产生出相对的自主性和独立性（何俊志，2003）[155]。也就是说，即使在制度已经偏离原意的情况下，设计者们想要改变制度已经变得越来越困难。

英国科研评估制度的设计初衷是提高科研成果的质量及科研拨款的使用效率，但是在 20 多年的实施过程中，科研评估产生了一些负效应，在某种程度上偏离了制度设计的原意。因此，从诞生之日起，科研评估就一直饱受诟病，其所受到的批评可以归纳为以下几方面。

1. 评估成本过高

第一，大学为评估进行准备的成本较高。高校在参与评估的准备阶段往往花费甚巨，很多高校普遍反映准备进行评估的成本过高。牛津布鲁克斯大学做过计算，准备一个学科的评估平均要花费 10 万英镑，每年各高校参与评估活动的开支总和可以建设 5 所新的大学（罗侃，2008）[31]。第二，拨款机构为评估的实施耗费了大量经费。据英格兰高等教育基金委员会估计，1996 年科研评估所耗费的经费总额达 2700 万—3700 万英镑，占科研质量拨款的 0.8% 左右，这笔成本与科研招投标过程产生的交易成本不相上下（House of Commons Science and Technology Committee，2002）。第三，大学的管理成本加重。英国皇家学会（The Royal Society）认为，科研评估所带来的行政管理工作、为拨款计划进行的准备以及高等教育质量保障局评估教学质量的需要等给学术人员造成了沉重的负担（House of Commons Science and Technology Committee，2002）。第四，评估给拨款机构、评估专家和大学都造成了物质和精神上的负担。使科研人员的工作量大增，工作时间更长，且还要承受科研工作以外的各种压力。

2. 影响科学研究取向

学者们的学术工作在科研评估的大气候下不断"异化"。卡迪夫大学的威尔诺特（Hugh Wilhnott）认为，学术劳动的日益商品化是科研评估对拨款的最大影响。英国议会下院的报告指出，科研工作的方向正在被科研评估不断改变，"纯粹性"研究受到了妨碍，研究者被迫去寻求短期目标的研究，因此其科研成果也受到影响。英国医师协会（British Medical Association, BMA）认为：科研评估鼓励了研究者们做"安全的"研究抑或使科研项目成为现有项目的一部分，于是新的具有探索性的研究就受到了抑制。英国议会下院科学技术委员会的调查发现，某些系科甚至积极鼓动教师不要从事任何与提高科研评级无关的科研活动（House of Commons Science and Technology Committee, 2002）。另外，科研评估对于论文发表的强调，造成了大学教师在发表研究成果时的急功近利行为，例如，倾向于提前发表成果，而且成果的形式倾向于较短的一系列文章而不是较长的文章等。

3. 挫伤研究人员士气

大学教师协会（Association of University Teachers, AUT）的鲍曼（Russ Bowman）教授指出，论文发表较少的教师经常被称为"科研非活跃人员"，并被安排去给大学本科新生上课。这直接影响了教师的科研生涯甚至会终结其科研工作。大学教师协会指出，未被确认为"科研活跃人员"的教师，其未来职称晋升、科研项目申请及学术休假等都会受到不利影响。英国议会下院在相关报告中指出，科研评估给高校教师的士气带来了消极影响，并建议：为了避免分化和挫伤被排除在科研评估程序之外的教师，未来的科研评估应采取公平的评价方法（House of Commons Science and Technology Committee, 2002）。

4. 评估结果的公信力受到质疑

很多学者和机构对于高等教育基金委员会所宣称的科研评估取得了令人比较满意的结果，并不完全认同。一些生物科学研究团体表示，由于大学学科组织不断熟悉评估运作，并且不断增强了对评估的驾驭能力，所以才提升了科研评级（House of Commons Science and Technology Committee, 2002）。一些高校为在评估过程中取得好成绩而使出了各种招数（阚阅, 2009）。此外，大学学科科研评级提高的原因还包括：评估专家不断降低了评估要求，从而导致了评分不断"膨胀"（Stephen Sharp，2004）。

5. 滥用科研评估策略

巴斯奈特（Susan Bassnett）在《卫报》上指出，"为了提升科研评级，一些大学不惜血本'购买'科研人员……学术界俨然成为不断遭受盗猎的'畜牧场'"（The Guardian，2002）。与此同时，评估等级不断提高只是表明高校掌握了提交科研评估材料的技巧："一些高校采取了'创造性'的计算方法，它们将已退休的学者召了回来，并给予他们各种稀奇古怪的头衔，而且还将那些专业方向与系科的科研战略不相吻合的科研活跃人员排除在外。"（The Guardian，2002）另外，为了获得较高的科研评级，高校开始通过高薪聘请优秀科学家的手段来提高相关学科的评估等级，于是资深学者受到了各校的追捧，而青年学者的成长则因此受到了一定程度的影响（罗侃，2008）[31]。

6. 妨碍学术自由

科研评估导致一些大学为了得到科研基金，加大对科研的关注和资金投入而忽视了教学（House of Commons Science and Technology Committee，2002）；导致各大学研究投入加大，赤字上升，收益递减；妨碍学术自由，带有惩罚色彩。这对英国传统的学术文化和学术本身是一个沉重的打击。

小　结

本章首先对英国科研评估制度的出现历程进行了描述，然后从结构影响、路径依赖与制度变革三方面对该制度进行了深入分析。

影响科研评估制度的宏观因素包括新公共管理思潮、撒切尔主义及高等教育大众化。其实无论是在新公共管理思潮影响下英国高等教育场域内引入竞争机制，致力于提高科研质量和经费分配的效率，还是撒切尔主义加强国家对大学的干预，并在提供资金的同时向大学索取责任与效率，抑或是英国高等教育大众化的政策主题转化为质量与效率，诸种因素机缘巧合地聚集在一起，共同叠加，汇成一股合力，终于在 20 世纪 80 年代中期催生出了科研评估制度，随后该制度对大学学科发展带来了巨大的影响。

从回报递增与路径依赖的角度来看，英国科研评估制度在 1986 年创立之后，进入了制度存续的"正常时期"，且逐渐被锁定在自我强化的路径中，出现了路径依赖现象。其原因包括：较高的制度构建成本，即若要制定其他的替代性制度需要极高的构建成本，这就使得该制度的相关利益者有强烈的动机认同和固守在原有的选择上；英国大学的相关行动者学习到了如何更有效地适应该制度，以取得更高的科研评级；作为"既得利益者"的一流大学群体在科研评估制度下获益匪浅，从而使得该制度不断硬化，它们也成为该制度下的"利益集团"；英国大学的相关行动者产生了科研评估将继续实施下去，唯有遵守该制度才能够获得科研拨款的"适应性预期"。而英国科研评估制度路径选择的实质，是对当时英国经济领域市场化改革路径的依赖。尽管因为回报递增等因素所致的路径依赖使得科研评估制度被锁定在自我强化的路径中，但是在一些关键节点时刻，科研评估制度也会发生不同类型的变革。2008 年正是英国科研评估的关键节点，在此之后由卓越科研框架取而代之。

科研评估制度的设计初衷是提高英国科研成果的质量及科研拨款的使用效率，但是在 20 多年的实施过程中，科研评估产生了一些负效应，在某种程度上偏离了制度设计的原意。这些负效应可以视为科研评估的意外后果，造成了该制度的扭曲。所有这一切使得科研评估在 2008 年走到了尽头。

第三章　英国科研评估制度剖析

　　法国社会学家皮埃尔·布迪厄一生中特别关注教育问题，并写了不少以教育为主题的著作。布迪厄1981年在法兰西学院的就职演说中指出，教育场域和知识分子处于其研究的根本地位（宫留记，2008）。对于高等教育场域来说，它有着与政治场域、经济场域不同的惯习，因此，20世纪80年代中期英国科研评估制度（RAE）在引入英国高等教育场域之后，引起了该场域中的行为主体如大学、学系与学术人员的位置关系的较大变化，同时也产生了相应的问题。本章首先试图运用社会学的场域理论对英国高等教育场域进行分析，尤其关注惯习的变化和科研评估制度的影响，希望能为高等教育研究提供一个新的视角。然后笔者将剖析科研评估的指标体系，并从研究成果、组织和研究者等维度对之进行重新整合。

　　布迪厄认为，对置身于一定场域中的行动者产生影响的外在因素，从来也不直接作用在他们身上，而是只有先通过场域的特有形式和力量的特定中介环节，预先经历了一次重新形塑的过程，才对他们产生影响。经由一定的组织设计和制度安排，在大学行动者与社会之间形成了一个潜在的、起中介作用的高等教育场域（field）。一方面，教会、国家和市场等其他场域通过高等教育场域对大学产生影响；另一方面，高等教育场域的核心是文化资本即知识，这与以经济资本为媒介的经济场域、以权力资本为媒介的政治场域、以情爱为媒介的家庭场域并不相同，从而成为一个相对自主的文化与意义场域（杨桂华，2009）[108-109]。

借鉴布迪厄的社会学场域理论，笔者认为，英国政治、经济等场域通过高等教育场域对大学及其学科组织产生影响；文化资本即知识是英国高等教育场域的核心。诞生于20世纪80年代中期的科研评估制度等组织、制度安排搭建了英国高等教育场域，该场域发挥着双重功能：首先，推行知识精英管理的行会模式以横向分立的学科为载体沉于大学组织的底部，保障着大学行动者的研究自由。此外，它还通过学术自由、大学自治、社会中介等层层制度屏障，将来自大学之外的消极干预"反射"回社会场域，为大学行动者营造一个自由的学术"空间"。其次，大学允许甚至"主动"邀请社会的"合法性"要求和积极干预"入场"（杨桂华，2009）[110]。这样，通过英国高等教育场域的双重功能，大学内外力量趋向平衡，知识生产得以稳定进行。

第一节　英国高等教育场域中的科研评估制度

英国高等教育场域是大学行动者与社会经济条件之间的中介环节，英国政治、经济等场域对大学行动者的影响，并没有直接作用在他们身上，而是通过高等教育场域的特有形式和力量，预先经历了重新形塑的过程。英国科研评估制度可以视为英国高等教育场域将外部社会因素重新形塑后的产物，该制度对大学学科组织产生了巨大的影响，同时，后者也采取了各种策略。

一、场域：形塑的中介

布迪厄认为，场域是那些参与场域活动的社会行动者的实践与周围的社会经济条件之间的一个关键性的中介环节。同时，在哲学、政治等场域与社会空间的结构之间，可以观察到一个完整系列的结构上和功能上的同源性（同源性也许可以被定义为差异性之中的相似性）：它们各自都有统治者与被统治者，都有为侵占和排斥而进行的斗争，都有再生产的机制等等（包亚明，1997）[151]。再次，各种场域都是关系的系统，而这些关系系统又独立于这些关系所确定的人群。于是，个人像电子一样，在某种意义上是场域作用的产物；同时又不是被外力机械地推拉扯去的"粒子"（皮埃尔·布迪厄，华康德，1998）[144-146]。在该场域中，被隐匿起来的是直接的或单一的权力，只有通过场域而产生的作用才能被看到。而英国高等教育场域正是大学行动者与社会之间的中介环节，外部社会因素只有通过该场域才能影响大学行动者。

二、资本争夺：英国大学学科组织的在场状态

英国高等教育场域内的大学行动者占有的不同形式和数量的资本决定了他们之间权力的分配，继而又影响了行动者的实践策略。那么，在英国高等教育场域内，什么类型的资本发挥了主导性的作用，并且不同形式的资本又是如何转化的呢？

布迪厄认为外在的场域，是一个如地理区位，由远近、高低等构成的一个个社会结构，即"客观位置关系所组成的一种网络或结构"。"而位置的占据者，不论是社会行动者还是制度组织，是依据两个条件来决定他们的位置的，一是他们在权力（或资本）的分配结构中现存和潜在的处境，只有占有了权力（或资本）才有能力去夺取在场域内有价值的利益；另一个则是他们与其他位置的客观关系。每一场域皆具有值得争取的事物。"（周怡，2004）[89]

那些用来定义各种"资本"的东西才是场域中活跃的力量。"一个场域的动力学原则，就在于它的结构形式，同时还特别根源于场域中相互面对的各种特殊力量之间的距离、鸿沟和不对称关系。"（皮埃尔·布迪厄，华康德，1998）[139]行动者所拥有的资本的总量及类型决定了他们在场域中所占据的位置。不同行动者资本的差别其实也是权力的关系，因为它决定了主导的（dominant）及被支配的（dominated）位置的分配，也

影响着行动者进一步争取利益的机会（张俊超，2008）[70]。于是，行动者依据其在场域中所占据的不同位置与掌握的不同资源进行着争夺，进而使得场域体现出人们形形色色的选择、行动和策略。

尽管场域中的行动者都有使自己的资本实现最大价值的愿望，但在现实中，鉴于限制条件的变化与他人行动的不确定性，为了避免最糟糕的结果，最明智的选择可能不是最小最大策略，而是最大最小策略①，尽管后者在表面上看来并不那么理性（张俊超，2008）[96]。

布迪厄认为资本是"社会物理能量"的一种，它可以以各种形式存在，在特定的条件下可以通过特定的兑换率相互转化。按照他的分类，资本分为经济资本、社会资本、文化资本等不同类型。可以立即并且直接转换成金钱的资本是经济资本。文化资本亦称为信息资本，具体分为身体化的、客观化的和制度化的三种形式。身体化的文化资本（embodied form of cultural capital），包括学者的学问、技术人员的技术、足球队员的球技、画家的画功及作家的写作技巧等等，该类型的资本需长时间学习训练才能累积，它们是资本拥有者身体的一部分，会随身体的死亡而消失。物质化的文化资本（material form of cultural capital），例如家中收藏的书、艺术品及钢琴等等，这类文化资本是最易通过经济资本转换的。制度化的文化资本（institutionalized form of cultural capital），例如学历及文凭等等。社会资本，是指"某个个人或是群体，凭借拥有一个比较稳定、又有一定程度上制度化的相互交往、彼此熟悉的关系网，从而积累起来的资源的总和"（皮埃尔·布迪厄，华康德，1998）[162]。张俊超（2008）[71]认为，这三类资本可以制度化并彼此互相转换：经济资本是以财产权的形式被制度化的，文化资本是以教育资格的形式被制度化的，社会资本是由社会义务或社会联系组成，以某种高贵头衔的形式被制度化的。各种资本之间的等级次序随着不同场域以及场域的变化而有所不同。

那么，英国高等教育场域的动力机制即大学行动者争夺的资本形式

---

① 最大最小策略（maximin strategy）是指局中人使得能够获得的最小收益最大化的策略。

是什么？究竟哪些资本形式在高等教育场域中最有价值呢？

（一）大学及其学科组织的资本类型

1. 大学行动者的文化资本

根据布迪厄的场域由资本所界定和划分的观点，并就大学是一种以传播和创造高深知识为主要活动的场域来看，流通于大学场域的重要"货币"，无疑应为文化资本。换言之，大学场域乃生产、传播、传承文化资本之所（张俊超，2008）[70-71]。

科研是大学、学科组织和学者赢得学术声望的主要活动，科研成果是大学文化资本的主体。特别是在一流大学，由于各类可比的硬指标以可量化的科研成果为主，所以管理者和教师就会自觉不自觉地将科研摆到首要位置。"在学术领域，我们的成果是以写出来的东西来体现的，出版物就像硬通货币，是学术成果的基本表现形式。"（唐纳德·肯尼迪，2002）[229]最有可能提高大学行动者的社会承认度、强化其社会荣誉的标签与头衔包括项目申报、科研经费、科研成果发表等。同时，各种资源和机会又与社会声誉紧密相连，并且可以转化为科研经费等经济资本及学术资源网络等社会资本。可见，文化资本依然是大学场域行动者争夺的对象，是大学场域的重要"流通券"。而且对文化资本的争夺逐渐以看得见的"制度化的文化资本"（如学位、奖励、职称、论文、专著）为主（张俊超，2008）[81-83]。笔者尤其关注英国大学行动者在高等教育场域中获得这种最具价值的通货即文化资本的策略。

2. 大学行动者的经济资本

高等教育场域中的经济资本主要指那些作为物质技术保障条件的资本，如科研设施、设备及各种经济资助和科研经费。它们能直接影响大学行动者的专业发展，并直接影响和形塑着他们的习性和行为策略①。

---

① 《大学场域的游离部落》（张俊超，2008）一文认为，经济资本可以视为大学场域中青年教师事业发展的启动器，而经济资本指那些直接影响物质生存状况的资本，如工资、房子、家庭条件等，也包括各种经济资助和科研经费。

3. 大学行动者的社会资本

布迪厄认为："社会资本是实际的或潜在的资源的集合体，那些资源是同对某种持久性的网络的占有密不可分的，这一网络是大家共同熟悉的、得到公认的，而且是一种体制化关系的网络。"（包亚明，1997）[202] 因为本书主要是在高等教育场域内讨论学科发展问题，所以此处的社会资本主要指的是在高等教育场域内影响学科发展的各种网络关系。

各种类型的社会资本可以视为一种催化剂，在大学场域正发挥着越来越重要的作用。在所在学科的学术圈建立一定的关系或取得某种位置对大学学科组织的发展非常重要（张俊超，2008）[88]。英国一流大学行动者由于学缘、社会网络联系紧密等原因，在学术圈内牢牢占据着领袖与支配地位。这表现在一流大学行动者及其校友在全国、地区性机构、各种委员会、评选机构、拨款机构、出版机构等大都有利益代言人，拥有很大的发言权。而所有这一切又可以强化一流大学行动者的各种资本优势。

（二）一流大学及其学科组织的资本优势

1. 英国科研评估下的资源集聚效应

英国大学行动者的资本划定了其在高等教育场域的位置，位置又形塑了他们的惯习，惯习影响了大学行动者的行为策略，行为策略反过来再生产着高等教育场域的结构，于是高等教育场域便获得了权力资源分配的合法性和再制功能。

随着英国科研评估活动的开展，高等教育资源出现了更加明显的集聚效应，出现了"富者愈富，穷者愈穷"的局面。虽然科研评估并不是导致资源分配中的"马太效应"的唯一因素，但是其推波助澜的作用不可忽视。英国一流大学及其学科组织拥有的资本类型和数量更多，而这些资本划定了它们在高等教育场域中的位置，继之该位置又为一流大学行动者带来了更多的资本。如此周而复始，于是在英国科研评估体制下，一流大学行动者的资源优势不断累积。

一份名为《选择性作用和研究卓越》的分析报告表明，1986 年引入科研评估后，拥有医学院的大学（一般是比较古老、规模较大的研究密集型大学）在 10 年之中得到的研究合同和项目拨款的比例更高了，从 74% 增长到 80% 多，提高了约 6 个百分点。同时它们的研究生和专职研究人员的比例也相应地增加了（Evidence Ltd，2000）。K. J. 摩根（Morgan, K J，2004）的研究发现，在 2001 年科研评估中，英格兰每所大学的学科评级差别很大。在声望很高的牛津、剑桥和伦敦大学联盟（Loxbridge Group），几乎所有的学术人员都是研究活跃型的，90% 的学科领域都达到了 5 级；而与之形成鲜明对比的是，在新大学，只有 40% 的学术人员属于研究活跃型，仅有 7% 的学科领域达到了 5 级。同时，研究质量高、投入大的学科领域（医学、科学、工程学）都集中在老大学里，研究基金显然也主要分配给了老大学。摩根发现，科研拨款和研究合同拨款是这样分配的：老大学占 94%（牛津、剑桥、伦敦大学联盟 35%），新大学 6%。另外，1992 年以来，除去学科重组、合并造成的评估项目减少之外，老大学的评估项目数减少了 4%，而新大学的评估项目数则增长了 10%。

由此可见，英国科研评估明显偏向历史悠久、蜚声海内外的一流大学。无论是从科研评估中获得的研究质量评级，还是从高等教育基金委员会获得的科研拨款以及从研究委员会争取到的合同和项目经费来看，一流大学群体都是最大的受益者。在英国大学的研究质量不断提高、研究评级上升很快但经费增长幅度比较缓慢的情况下，为了保证对卓越者的资助，拨款机构不断提高获得拨款的基准，甚至不惜"拆东墙补西墙"，把原本应该给予新大学的研究拨款划拨给了名牌大学（Stephen Sharp and Simon Coleman，2005）。

2. 一流大学行动者资本优势的转化

那么，英国一流大学学科组织取得较高科研评级是否仅仅凭借历史积淀等形成的自身实力呢？其实并不尽然。

斯蒂芬·夏普和西蒙·科尔曼（Stephen Sharp and Simon Coleman，

2005）认为，英国大学类型和是否拥有科研评估小组成员对学科评级产生了较大影响，是造成学科评级差异显著的重要因素（见表3.1）。

表 3.1　2001 年科研评估中不同类型、有无评估小组成员的大学平均评级

大学类型	有科研评估小组成员	无科研评估小组成员	总数
老大学	4.88（549）	4.37（1185）	4.53（1734）
新大学	4.05（47）	3.21（817）	3.25（864）
所有大学	4.81（596）	3.90（2002）	4.11（2598）

注：表中的数据为样本数据。括号前数字为科研评估单位得分，括号中数字为评估单位数目。

资料来源：Stephen Sharp and Simon Coleman. Ratings in the Research Assessment Exercise 2001—The patterns of university status and panel membership ［J］. Higher Education Quarterly, 2005, 59（2）：153 – 171.

　　表 3.1 的组平均值的差异很显著。老大学（old universities，即 1992 年前大学）比新大学（new universities，即 1992 年后大学）的评级平均高 1.28 分，拥有评估小组成员的比没有评估小组成员的评级高 0.91 分。尽管如此，一般来说，即使没有评估小组成员的老大学仍然比拥有评估小组成员的新大学的评级高 0.32 分。这可能要归结为名牌大学的"晕轮效应"[①] 了。在几乎 1/2（68 个中的 31 个）的评估小组中根本没有来自新大学的成员，仅在 2 个评估小组中有 1/3 的成员来自新大学，即使在那些新大学占据优势地位（参与评估的人员比例达 3/4 以上）的评估单位例如艺术与设计、图书馆与信息等，其评估小组的成员仍然被老大学把持着（占 70% 以上）。而且与它们以前的评级相比，拥有评估成员的大学

----

　　① 晕轮效应（the halo effect），又称"光环效应"、"成见效应"、"光晕现象"，属于心理学范畴，指在人际相互作用过程中形成的一种夸大的社会印象，正如日、月的光辉，在云雾的作用下扩大到四周，形成一种光环作用。该效应指人们对他人的认知判断首先是根据个人的好恶得出的，然后再从这个判断推论出认知对象的其他品质的现象。常表现在一个人对另一个人（或事物）的最初印象决定了他的总体看法，而看不准对方的真实品质，形成一种好的或坏的"成见"。所以晕轮效应也可以称为"以点概面效应"，是主观推断的泛化、定势的结果。

比没有评估成员的大学的评级要高。

英国一流大学由于历史积淀、社会网络等原因拥有比普通大学丰富得多的文化资本，这些文化资本的优势在科研评估中得到了深刻的体现，具体表现在一流大学行动者从事的科研项目和发表的科研成果层次与质量更高。同时，科研评估小组的成员主要来自一流大学，这有利于一流大学学科组织获得更高的科研评级，也就能够获得更多的科研拨款与研究合同经费。这可以视为一流大学的社会资本优势。于是，一流大学行动者拥有的文化资本和社会资本就实现了向经济资本的转化。而经济资本的优势又可以强化一流大学行动者所拥有的文化和社会资本优势。如此循环往复，就实现了"精英的复制与再生产"（布迪厄语）。所以，英国一流大学群体是科研评估制度的最大受益者，也可以视为"既得利益者"，而 1992 年后成立的大学则有了非常强烈的"相对剥夺感"① 甚至绝对剥夺感。

三、惯习与场域的脱节：学术自治与科研评估制度的"不合拍"

布迪厄是这样论述惯习的集体性的："属于同一个阶级的许多人的惯习具有结构上的亲和（structural affinity），无需借助任何集体性的'意

---

① 相对剥夺感（relative deprivation）是一种群体心理状态，属于社会心理学的研究范畴。它是指人们通过与参照群体的比较而产生的一种自身利益被其他群体剥夺的内心感受。相对剥夺感的产生，主要源于参照群体的选择，而与自身利益的实际增减并无直接联系。当自身利益实际减少时，固然容易产生相对剥夺感，但当自身利益实际上增加时也会产生相对剥夺感，关键在于选择比较的参照群体，比较自身利益的增加速率与参照群体利益增加的速率。尽管自身的利益增加了，但如果增加的速率低于参照群体的增加速率，相对剥夺感就产生了。有时，自身的利益与其他群体的利益相比较实际上增加了，也会产生相对剥夺感，其原因就在于自身对利益的期望值过高，当利益期望没有得到满足时，就会产生相对剥夺感。总的来说，虽然相对剥夺感的强弱在一定程度上反映了利益格局的变迁，但主要反映的是产生相对剥夺感的群体自身的一种主观感受和心态（郭星华，2001）。古尔认为，相对剥夺感是行动者对价值期待和价值能力不一致的认知（李俊，2004）。相对剥夺感有两个不同的维度：横向相对剥夺感和纵向相对剥夺感。前者指的是一种通过横向比较而形成的相对剥夺感，即：通过与现存的参照群体或参照个体进行比较而产生的一种剥夺感；而后者指的是人们通过与纵向参照群体或个体进行比较而形成的剥夺感（王宁，2007）。

图'或是自觉意识，更不用说（相互勾结）的'图谋'了，便能产生出客观上步调一致、方向统一的实践活动来。"（皮埃尔·布迪厄，华康德，1998）[169]

惯习的产物是实践，它来源于场域固有的规律和趋向的预期。惯习的倾向使英国大学行动者根据过去的科研评估实践经验，依据预期的结果指定行为的方向，偏向于选择依据自身资源与最可能成功的行为方式，于是，实践策略就产生了。虽然惯习是历史和场域的产物，但也是一个开放的性情倾向系统，它并非一开始就呈现出与它所在的场域一致的结构，而是会不断地在各种经验的影响下强化或是调整自己的结构，直至完全地融入场域之中。在多数情况下，由于历史和场域结构产生了惯习，所以惯习与场域的效应是重合的，可是也存在一些不吻合的时候，这是因为惯习具有特有的惯性和滞后现象。当场域结构发生剧烈变革时，经常出现惯习的滞后与不合拍现象（张俊超，2008）[116-123]。

同时，作为历史的遗留之物的惯习是非常抵制变化的，因为原初的社会化比之于后来的社会化经验更具有型构内在倾向的力量。在惯习遭遇新的境遇时，固然有一个持续的适应过程，但是该过程经常是非常缓慢的、倾向于完善而不是改变初始的倾向（戴维·斯沃茨，2006）[125]。由此可见，历史和传统形成的固有观念与现行改革之间的脱节，要想实现完美对接颇需时日。

20世纪七八十年代以来，发端于英国、美国等西方发达国家的新公共管理改革席卷了世界各地，这一场改革的核心目标是："降低公共治理成本，提高公共治理效率，提升公共产品和公共服务质量和水平，塑造经济型的政府"（赵成根，2007）[17]。虽然新公共管理改革运动在各国推行以后取得了显著的成就，帮助发达国家走出了20世纪70年代中期因为石油危机所引发的经济、政治和政府危机，80年代中期，西方各国经济开始进入新一轮持续增长时期，而且在很大程度上校正了传统的政治和行政体制的弊端，但是新公共管理改革也遭到许多学者的批判（赵成根，2007）[19-20]。对新公共管理的典型批评是：它忽视了公共部门与私营部门的差别（Andreas Ask and Åke Grönlund，2008）。

在高等教育场域，新公共管理的影响尤其体现在（Dominic Orr，2004）[345-362]：实行新的拨款方式；建立外部质量保证体制。引入这些体制是为了实现双重目标：加强政府对由其资助的大学活动的控制，使大学建立满足委托人需求的体制。新公共管理措施集中于对研究进行评估，是高等教育系统结构性变化之一。

英国高等教育场域的惯习是大学一向崇尚学术自由和学术自治，反对政府的外来干涉和市场的直接左右。"历史表明，学术自由不仅仅是一所有效大学的基本前提，还是学术的核心价值。"（菲利普·G. 阿特巴赫，2009）[53]但是，在新公共管理思想影响下出台的科研评估制度，加剧了高等教育场域的竞争，使得大学的自主权受到了较大的影响，加强和明晰了高层管理者例如校长、副校长和学系主任的作用，在某种程度上造成了大学管理重心的上移，造成了大学和学系的管理与学术之间的紧张关系。菲利普·G. 阿特巴赫（2009）[52]认为，一个不常出现在学术自由背景下的相关问题是高等教育领域中"管理主义"（managerialism）的增长。这种管理权力和其他部门的权力在显著增长，它们与院校治理中的教授权威明显不同。学术自由与学术自治相关联，这些治理趋势削弱了教授的自治和权力。这一趋势危及教授保持对课堂和研究课题选择和实施的完全控制的权威。似乎只有少数人怀疑，权力和权威从教授向职业管理者和外部管理机构转移，将会极大地影响学者的传统角色并压制学术自由。

虽然英国大学的相关行动者对于政府通过研究拨款这根指挥棒对大学进行干预具有天生的排斥心理，然而，由于英国高等教育基金委员会是根据科研评估成绩为大学学科组织分配研究拨款的，所以如果想获得拨款，就必须接受评估。于是，英国高等教育场域的惯习就受到政治、经济场域的较大影响。但是，英国大学崇尚学术自治等惯习并没有被新公共管理等外在社会因素完全改变，学术力量在英国高等教育场域中仍然发挥着支配性作用。

四、英国大学学科组织的科研评估策略

在英国高等教育场域中，拥有不同类型和数量"资本"的大学行动者不仅在场域中"占据着各自不同的位置，而且还会利用种种策略来保证或改善它们在场域中的位置，并在场域中展开竞争（斗争）"（马维娜，2004）。"斗争的焦点在于谁能够强加一种对自身所拥有的资本最为有利的等级化原则"（杨善华，1999）[281]。而成绩是最为有利的"王牌"。在英国高等教育场域，英国大学和学系在科研评估中的评级和排名，决定的正是不同大学、学系和学术人员在场域中位置占据的多少与高低。不同的大学行动者，对科研评估采取了不同的应对措施，而他们提高研究评级的策略主要是加强研究管理工作和注重科研评估战略等。同时，不同的大学行动者也受到了科研评估制度程度不同的影响。

英国大学的科研评估（RAE）实行了 20 多年，是英国高等教育现代化过程的重要组成部分，成为对学术机构影响最大的制度之一（Mary Henkel，1999）。对于具有崇尚学术自由与学术自治惯习的英国高等教育场域来说，虽然科研评估制度促进了大学科研质量的提高，但也使得在历史、地理位置、传统学科优势等方面存在较大差异的各所大学获得的资源（主要是财政资源）差异很大。同时，各大学为了应对科研评估，取得更高的研究评级，纷纷采取了相应措施。这些措施包括：①裁撤、合并在评估中成绩不佳的学系（汪利兵，等，2005）。例如与 1996 年科研评估相比，格拉斯哥大学（University of Glasgow）提交的评估单位数目从 56 个减少为 48 个，总数减少了 8 个，其中除了生物化学是因为学科名称变更外，其余 7 个被取消的评估单位在 1996 年评估中普遍都成绩不佳（研究评级从 2 级到 4 级不等）。②把战略重心放在努力吸引卓越的研究者，并用晋升的手段留住国际知名学者，而不是内化质量提高体制上（Keiko Yokoyama，2006）。③大学的主要政策也出现了相应的调整，成立了研究管理部门，改变了管理结构及方式（包括研究规划和资源分配机制）。大学研究管理的重点因研究历史、能力和使命而不同（Evidence

Ltd，2005）。有证据表明，各大学在管理方面针对选择性拨款模式所采取的应对措施并不相同，这在一定程度上造成了它们研究成绩的差异（Evidence Ltd，2002）。罗孚（Rolfe H，2003）的研究发现，研究型大学通常把战略重心放在提高质量上，这是它们赢得声誉的基石；而新大学则总是把重心放在增加收入上，这是其维持基本活动的保障。④学系等部门加强了研究管理工作（Evidence Ltd，2002）。例如纽卡斯尔大学及其英语语言与文学学院，以及学院下属的学系都设立了推进研究工作的管理机构。研究室主任和系主任负责学院的研究管理工作，同时要与研究委员会协商。学院定期评估研究人员的研究计划，同时学术人员也开展自评活动。研究室主任和学部、学院的同行评议协会（Peer Review Colleges）都会为研究申请提供建议，并负责对其进行评估。研究委员会具体负责研究战略与规划以及休假安排，为研究人员寻觅研究机会并知会他们，评估学术人员的外部资助申请草案，筹划访问学者项目、学院的研究休息日等。学院的研究管理工作既要考虑研究人员的需要及学术兴趣，还要将他们的学术兴趣与大学和国家的利益结合起来。⑤大学行动者进行了一系列内部调整，制定了新的发展策略。例如在 1996 年科研评估（RAE）中，华威大学（University of Warwick，又译沃里克大学）化学系（Department of Chemistry）的评级是 3a 级，但是在 2001 年评估中其科研评级却上升到了 5 级。在这两次评估中，华威大学化学系提交的研究人员数几乎一样。在所有既参加了 1996 年科研评估又参加了 2001 年科研评估的 34 所大学中，只有 2 所大学的评定等级提高了两级，而且只有 3 所大学在 2001 年评估中获得了 5 级或 5* 级。这表明华威大学化学系的研究能力和水平显著提高了。那么，该系到底采取了什么战略举措呢？一项实证研究发现，华威大学化学系在 1996 年科研评估之后，进行了一系列内部调整，制定了新的发展策略：第一，把发展的重点集中在优势和新兴化学研究领域，例如投入了 30 名成员从事质谱学研究；第二，采取的一项重要战略是开展跨学科研究，并经常得到大学的直接支持，例如，2001 年化学系联合数学、计算机科学、统计学、工程学、生物学、物理学等系成立了科学计算中心（The Centre for Scientific Computing）。

另外，科研评估对不同的研究者造成了不同的影响。它对中等水平研究者的影响更大，虽然他们的研究质量提高了，但是在目标选择上却出现了风险规避趋势。风险规避行为可能造成学科的保守性而且使研究者竭力远离跨学科研究。但是，卓越的研究者在很大程度上可以依照兴趣工作，在选择研究目标时受到的影响较小（Evidence Ltd，2002）。

五、采取场域视角的意义与不足

布迪厄的"场域－惯习"论不仅独树一帜，而且具有深厚的理论潜力和普遍的方法论意义：①为认识现代社会提供了一个新的视角；②为应用关系论思维分析社会提供了操作性的范例；③其所主张的"双重存在观"有助于辩证地理解人类社会；④其所内含的"地方性知识"观念有助于区分不同社会场域的差异性（毕天云，2004）。应用场域理论来研究英国科研评估制度，开辟了英国高等教育研究的新视角，深化了对高等教育运行机制的认识。

当前，中国社会由于分化尚不充分，除政治场域（权力场域）外，其他各种场域未必成形（刘生全，2006），而且中国高等教育场域与英国高等教育场域中的惯习与各种客观关系网络也大相径庭。从这个角度来看，本书所阐述的英国高等教育场域对于中国来说难免带有理论上的超前建构色彩。所以，研究者们应该审慎地使用高等教育场域这一范畴，并在使用的过程中不断完善它，尤其要避免在高等教育研究中随意拿场域范畴到处贴标签（刘生全，2006）。

第二节　英国科研评估指标体系解析

一、英国科研评估"质量概评"的操作程序

在2008年英国科研评估中，各评估单位的评定等级是以"质量概评"的形式来呈现的，评估组做出"质量概评"要经过两道程序（HEF-CE，2006）：一是由主、次评估小组共同制定评估标准，主评估小组决定提交活动的具体分类，包括研究成果、研究环境和学术声誉等三项指标的内容，并为这三项指标赋值（以百分比的形式），以确定不同指标在所提交的评估材料的总体质量中的权重。其中，研究成果、研究环境和学术声誉之间可能会有交叉的地方，例如研究成果（RA2）可以划归上述任何一项指标。由主评估小组确定研究生及研究奖学金、科研收入、研究环境及学术声誉等信息（RA3、RA4、RA5）到底是归属于研究环境还是声誉指标之内。例如主评估小组可以将研究收入归入研究环境，也可以将之归入声誉指标。与此类似，研究生数目、研究生学业完成率及研究奖学金既可以是研究环境的一部分，也可以归入声誉指标。主评估小组需要在评估标准与方法中给出将某一项信息归入哪项指标的理由。在该过程中，同行专家评议被置于最重要的地位，研究成果在质量概评中的比重不能低于50%，研究环境和学术声誉两项指标的权重都不能低于5%，当然某些主评估小组可以适当地提高某项指标的权重。不过主评估小组必须在评估标准中对此进行详细的解释。二是次评估小组操作具体评估。次评估小组对研究成果、研究环境和学术声誉的材料进行评估并分别给出质量概评，然后将三项评估指标的质量概评汇总在一起，给出总体的质量概评。最后，次评估小组还要将评估结果上报给所属的主评估小组审核，之后才能公布最终的评估结果。

二、英国科研评估三大指标的权重

在英国2008年科研评估的全部15个主评估小组中，研究成果、研究环境和学术声誉等三项科研评估指标的权重大小并不相同。例如，英语语言与文学学科（UoA57）的三项科研评估指标的权重分别是（HEFCE，2006）：研究成果75%、研究环境20%、学术声誉5%。其中研究成果包括作品翻译、创作与表演艺术、应用研究，研究环境包括研究战略、师生情况和研究组织（又细分为组织结构和研究收入等）等三项权重相等的分指标。生物科学学科（UoA14）的三项科研评估指标的权重与英语语言与文学学科相同，即研究成果 75%、研究环境 20%、学术声誉 5%（HEFCE，2006）。但是这两个学科评估指标的分指标并不完全相同，生物科学学科的研究环境包括研究生、研究奖学金、外部资助的研究员，研究收入，研究基础设施与设备，研究战略、研究组织和师资政策等四项权重相等的分指标。教育学科（UoA45）的三项科研评估指标的权重分别是（HEFCE，2006）：研究成果 70%、研究环境 20%、学术声誉 10%。其中研究环境包括研究生及研究奖学金、研究收入、研究组织、研究战略和师资政策等四项权重相等的分指标。化学学科（UoA18）的三项科研评估指标的权重分别是（HEFCE，2006）：研究成果（60%）、研究环境（20%）、学术声誉（20%）。其中研究环境包括研究生与研究奖学金、研究收入、研究基础设施、研究战略、师资政策、学系的声誉等六项权重相等的分指标，学术声誉包括获得的研究奖项、高级研究员、工业咨询、孵化公司等分指标。

在 2008 年科研评估的全部 15 个主评估小组中，研究成果、研究环境和学术声誉等三项科研评估指标的权重大小最悬殊的学科是 N 小组（包括古典文学、哲学、神学、历史学），其三项指标的权重分别是（HEFCE，2006）：研究成果 80%、研究环境 15%、学术声誉 5%。而三项指标的权重差距最接近的学科是 G 小组（包括电子工程学、矿业工程学、化学工程学、土木工程学、航空工程学、材料学），其研究成果、研究环境和学术声誉指标的权重分别是 50%、20% 和 30%（HEFCE，2006）。

由此可见，英国 2008 年科研评估的指标体系对研究成果最为重视，该项指标的权重从 50% 到 80% 不等，大部分都在 70% 左右；而研究成果的产出者是从事科学研究的学术人员。研究环境指标的权重在 15% 到 20% 之间，该指标一般包括优秀的教师、研究生及研究奖学金、研究收入、研究组织、研究战略、师资政策和基础设施等内容。学术声誉指标所占的权重在 5% 至 30% 之间，大部分不超过 10%，该指标一般包括参加重要会议、担任期刊或者出版社的编辑及其他荣誉头衔、研究成果的转化等内容。

三、英国科研评估指标评价

大学科学研究区别于纯科研机构和工业研究机构的最大不同之处即在于人才培养尤其是研究生的培养工作，所以高校科研评估应该具有教学促进功能，而且要注重评估的市场公信力。张洋等（张洋，朱少强，2010）[54-60]认为，在实践中，高校科研评价中的教学促进因素主要通过两个方面表现出来：一是高校内部对于教职人员的评价，往往与教学相联系；二是对于高校科研绩效的评价，加入研究生数、学位完成数等统计数据。从这个意义上来说，在英国科研评估中含有教学促进因素。同时，大学科研包括两个基本功能：为发展科学和培养人才服务。史秋衡（2002）认为：规范是创新的基础，肤浅的创新意识危及大学科研评估的市场公信力。英国高等教育的科研评估以学科领域为基础，不对学校整体科研工作直接进行评估，并以同行评议作为大学科研评估的主要形式，有力地保障了科研评估的市场公信力，且防止了肤浅创新和不规范创新，这些经验值得我们学习与借鉴。

与邱均平等人的"世界大学科研竞争力排行榜"和上海交通大学"世界大学学术排名榜"的评价指标相比，英国科研评估指标体系将研究生培养情况放在了研究环境指标里面，与研究战略与管理、研究组织、研究收入等分指标放在一起，这些分指标所占的总权重一般不超过20%，而研究生培养这项分指标所占的权重通常为5%。这再次有力地证明了人才培养是大学最重要的职能之一。尽管英国是将科研评估与教学评估分开进行的，而科研评估顾名思义，主要是对科研成果的评估，所以为其赋予再高的权重都不为过，但是，再好的高校科学研究成果，如果没有与人才培养工作相结合的话，都偏离了人才培养这一大学最重要的职能。

另外，从2008年科研评估的指标体系中，笔者发现：英国科研评估的初衷是评估原创性的科研成果，而在实际操作中，则变成了主要是评价发表的研究成果，但是这并不等同于原创性的科研成果；而科研评估对科学研究的必要条件即人、财、物诸如教师、研究生、研究组织与战略、师资政策、研究收入等的重视程度远不及研究成果；学科的社会声誉指标所占的权重一般稍低于科研条件的权重。然而，由于研究成果的产出者是学术研究人员，所以从这个意义上来说，英国科研评估对学术人员也极为重视，从某种程度上甚至可以说，学术研究人员尤其是高水平的研究人员才是获得较高科研评级的关键。因此，英国科研评估很可能会引发大学之间的人才争夺战，而这只会改变英国各大学及其学科组织之间的科研成果分配份额的变化，但却很难增加科研成果的总量。至于科研评估是否实现了评价并鼓励原创性科学研究成果的目的，笔者将在大学学科科研评估案例中进行认真分析与检验。

四、英国科研评估指标的重新整合

与此同时，鉴于学科在大学视域里的含义大致包括（高深）知识、（学术）组织和研究者（教师和学生），所以笔者将英国科研评估的指标体系重新划分为知识、组织和研究者三个维度，其核心是对投入与产出的评估。

（一）大学学科组织的构成要素

1. 组织的定义与构成要素

理查德·斯格特（2002）[24-30]认为，组织研究的三个视角是：理性的、自然的和开放的系统。从理性系统视角出发得到的组织定义是：组织是意图寻求具体目标并且结构形式化程度较高的社会结构集合体。从自然系统角度出发得到的组织定义是：组织是一个集合体，参与者寻求着多种利益，无论是不同的还是相同的。从开放系统的视角得到的第三个组织定义是：组织是与参与者之间不断变化的关系相互联系、相互依赖的活动体系；该体系植根于其运行的环境之中，既依赖于与环境之间的交换，同时又由环境建构。

朱国云（1997）[2-3]认为，人类社会中的组织是互动的个人或团体为实现一定的目标，依据一定的职权关系，通过一定的结构所形成的具有明确界限的实体。也就是说，组织是由互动的个人或团体组成的社会单元；组织与周围社会环境发生相互作用，并有着明确的边界；组织具有明确的共同目标；组织通过一定的职权关系形成了较稳定的内部结构。

于显洋（2001）[94]认为，组织作为一个系统，它的构成要素一般包括组织目标、组织结构与设计、组织文化和组织内的群体等四个方面。组织经营的成功与否不在于人力和物力资源的多寡，而在于如何合理地组织已有的人力与物力资源，组织方式的差异是决定组织生存与发展的关键要素。邹晓东（2003）[43]认为，组织是由战略、结构、文化、人员、流程和物质技术基础构成的一种特定的模式。

综合研究者们的组织定义，本书认为，组织是互动的个人或团体为实现一定的目标，通过一定的结构所形成的具有明确界限的社会单元。组织的要素包括目标、战略、结构、文化、人员群体和物质支撑条件（见图3.1）。

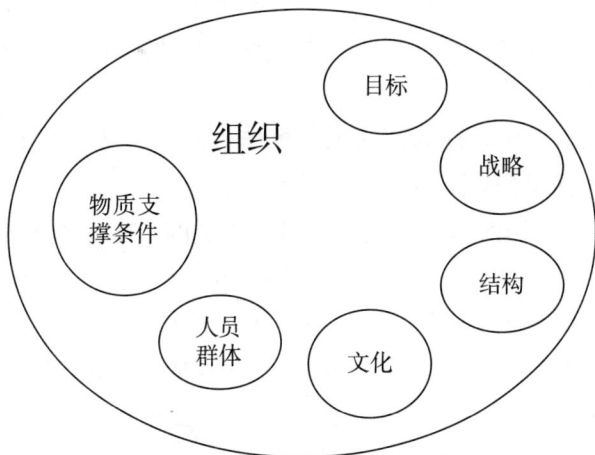

图3.1　组织的构成要素

资料来源：修改自邹晓东. 研究型大学学科组织创新研究［D］. 杭州：浙江大学，2003：43.

2. 大学学科组织的特点

大学是一个以高深知识为操作对象的组织。大学的核心工作是对知识进行创新和传播的教学、科研活动。知识的创新是对未知世界的探索，它的过程和结果具有很大的不确定性。大学工作这种特殊的复杂性对大学组织带来重要的影响（金顶兵，闵维方，2004）。

周玲（2006）认为，大学组织在诸多学科学术研究的理论演进序列中显示出自身丰富的社会内涵，具体表现为多学科将大学组织作为自己的研究对象，对大学进行历史的、政治的、经济的、组织的、文化的、政策的分析与研究。大学作为现代社会中一个具有建制特征、专业利益、资本分配和转换机制的场域，它相对独立于政治、经济和社会权力场域，但是又与它们有着千丝万缕的联系。

伯顿·克拉克（1994）[25,227]认为，大学作为一种学术组织的特征是：知识是学术系统中人们赖以开展工作的基本材料；教学和研究是制作和操作这种材料的基本活动；这些任务分成许多相互联系但却独立自主的专业；这种任务的划分促使其形成一种坡度平坦、联系松散的工作单位机构；这种机构促使控制权分散。大学本质上是一种围绕学科和行政单位进行活动的矩阵型组织。

由是观之，大学是以高深知识为操作对象，围绕学科和行政单位进行教学与科研活动的矩阵型组织。

作为一个知识组织，大学是由学科知识和院校组织形成的二元矩阵。托尼·比彻指出，大学既不是院校机构，也不是固定的学术人员，而是知识的一个或者多个组成领域。伯顿·克拉克（1994）[107,6]指出："当我们把目光投向高等教育的'生产车间'时，我们所看到的是一群群研究一门门知识的专业学者，这种一门门的知识称作'学科'，而组织正是围绕这些学科确立起来的。""无论哪里，高等教育的工作都按学科（discipline）和院校（institution）组成两个基本的纵横交叉的模式，各学科穿过地方院校的界线，各院校又反过来收拾各学科的亚群体在地方集合起来。"

伯顿·克拉克（1994）[27]指出，知识材料是大学工作的基础，大学的工作任务与大学工作者是围绕着知识群而组合的。英国历史学家哈罗德·柏金（Harold Perkin）也认为，"大学是一个独特的既分裂又分权的社会的偶然的产物。一切文明社会都需要有研究高深学问的机构来满足它们探求知识奥秘的需要，同时它们也为知识的拥有者和探索者提供各种所需条件"（伯顿·克拉克，2001b）[27]。

高深知识的探究、传授与创新离不开一定的场所。正如伯顿·克拉克（1994）[11-12]所指出的："只要高等教育仍然是正规的组织，它就是控制高深知识和方法的社会机构。""知识材料，尤其是高深的知识材料，处于任何高等教育系统的目的和实质的核心。"李明忠（2008）[30-38]认为，自中世纪始，高等教育一直被认为是一个以知识活动为主要特征的社会系统。在高等教育系统内部，知识被发现、保存、提炼、传授和应用。大学主要从事的是高深知识的生产，而这些知识体现在大学里就是一门门的学科。可以说，无论是回溯历史还是展望未来，高等教育机构尤其是大学作为高深知识探究、生产、传播、发展的主要场所是毋庸置疑的。所以说，大学作为一个围绕知识而聚集在一起的师生共同体，在某种程度上也可以说是一个知识场域。

由已有研究可知，探究、生产与发展高深知识是高等教育机构特别是大学的核心使命，而学科组织则是大学中完成该使命的最基础的机构。

邹晓东（2003）[52]认为，学科组织是研究型大学履行知识创造、人才培养和社会服务职能的基本组织单元和工作载体。研究型大学开展的各项工作，都是以学科组织为基本单位进行的，学科组织是作为一个完整系统的研究型大学的细胞。所以对研究型大学的研究，甚至可以化解为对学科组织的研究。在邹晓东看来，学科组织是大学知识生产与人才培养的中介与桥梁，而学科组织的构成要素主要包括资源共同体与文化两大部分。资源共同体主要包括学术人才和学术物质技术基础，而文化主要包括行为规范和价值观（见图3.2）。于是，学科组织的创新就是研究者在物质技术的保障下，通过对组织战略、组织结构和组织管理进行调整与变革，以提升学科组织的核心能力来实现的（见图3.3）。

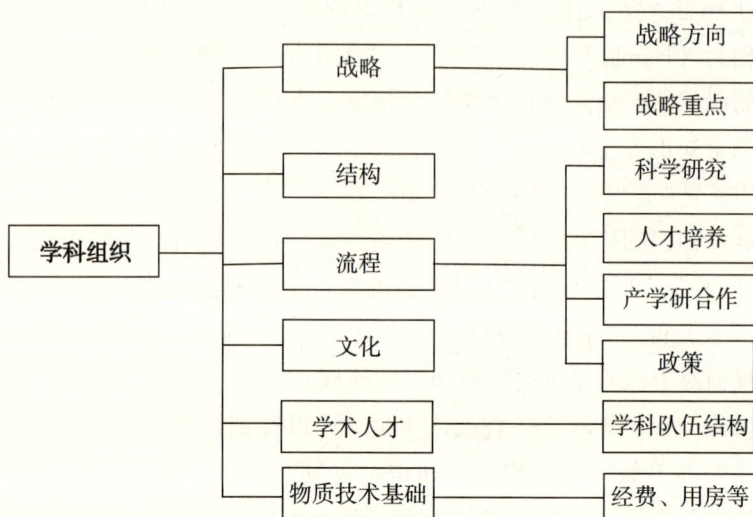

图 3.2　学科组织构成要素

资料来源：修改自邹晓东. 研究型大学学科组织创新研究［D］. 杭州：浙江大学，2003：59.

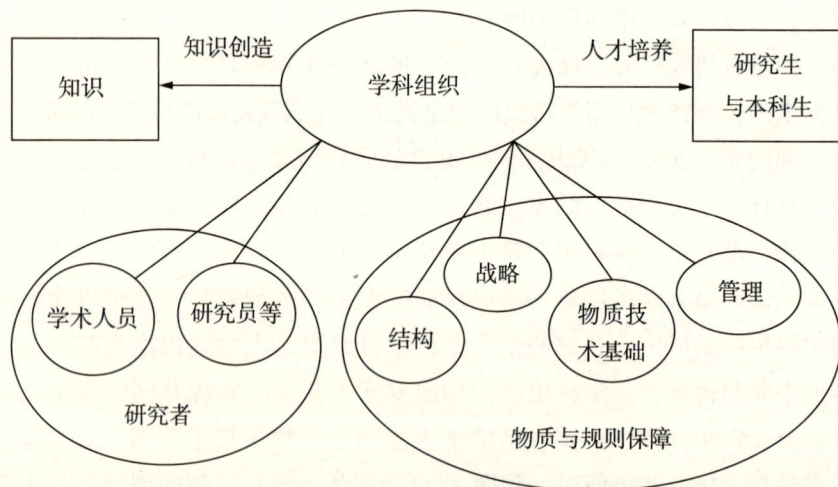

图 3.3　学科组织运行图

(二) 科研评估指标体系的重新整合

借鉴已有的研究成果，笔者将大学学科组织视为连接知识和研究者的纽带，研究者主要包括教师、研究员、研究生，学科组织的物质与规则保障主要包括战略、结构、管理和物质技术基础等。之所以将研究生也归入研究者的范畴，主要是因为研究生既是人才培养的成果，也常常是研究活动的重要参与者。

2008 年英国科研评估的指标体系主要包括研究成果、研究环境和学术声誉三部分，根据笔者对学科组织构成要素的剖析，可以将科研评估指标体系重新划分为知识、学科组织和研究者三个维度。其中，知识的维度主要指的是研究活跃型教师发表的学术作品，研究者的维度包括研究活跃型教师、研究员和研究生，组织的维度主要包括研究战略、研究管理、研究结构、物质技术基础等（见图3.4）。做出这样划分的主要依

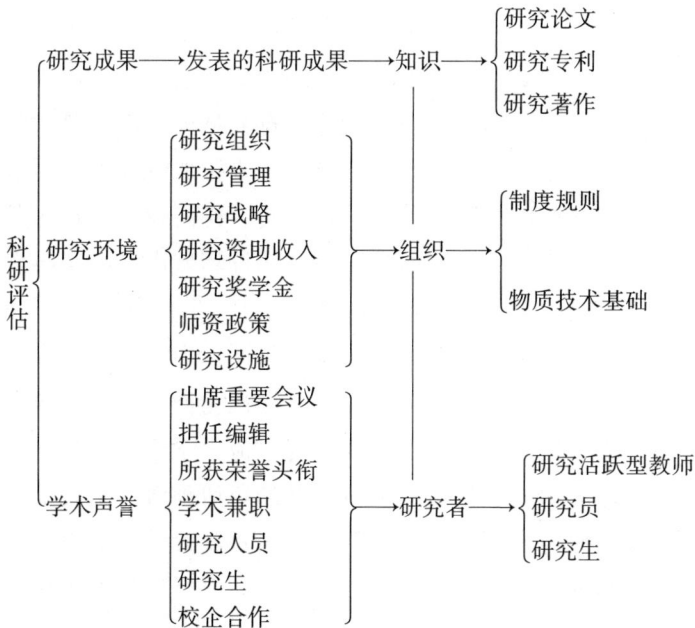

图3.4 英国科研评估指标的三个维度

据是：决定研究成果的因素包括研究者及组织制度，本书主要通过对大学学科科研评估结果的分析，来探明学科发展的重要刺激究竟是什么。

小　结

本章首先运用社会学的场域理论对英国高等教育场域进行分析，然后剖析了科研评估的指标体系，并从组织、研究者和研究成果等维度对之进行了重新整合。

英国高等教育场域是大学行动者与社会经济条件之间的中介环节，政治、经济等场域对大学行动者的影响，并没有直接作用在他们身上，而是通过高等教育场域中的特有形式和力量例如科研评估制度，对大学及其学科组织产生影响的。

英国高等教育场域内的大学行动者占有的不同形式和数量的资本决定了他们之间权力的分配，划定了其在高等教育场域的位置。科研是一所大学、学科组织和学者赢得学术声望的主要活动，科研成果是大学文化资本的主体。文化资本即知识是高等教育场域的核心，是大学行动者争夺的对象。高等教育场域中的经济资本主要指那些作为物质技术保障条件的资本，包括各种经济资助、科研经费、科研设备和设施等。高等教育场域中的社会资本主要指的是在高等教育场域内影响学科发展的各种关系网络尤其是学术资源网络。

英国一流大学的文化资本优势，在科研评估中具体表现在一流大学行动者从事的科研项目和发表的科研成果层次与质量更高。科研评估小组的成员主要来自一流大学，这可以视为一流大学的社会资本优势。这些都有利于一流大学的学科组织获得更高的科研评级，也就能够获得更多的科研拨款与研究合同经费。于是，英国一流大学行动者拥有的文化资本和社会资本就实现了向经济资本的转化，而经济资本的优势又可以强化其所拥有的文化和社会资本优势。

英国高等教育场域的惯习是大学一向崇尚学术自由和学术自治，反对政府的外来干涉和市场的直接左右。20 世纪七八十年代以来席卷世界各地的新公共管理改革，极大地影响了英国高等教育场域，导致高等教育场域的惯习受到政治、经济场域的较大影响，但新公共管理等外在社会因素并未完全改变之。

在英国高等教育场域，大学学科组织在科研评估中的评级和排名，决定的正是不同大学、学系和学术人员在场域中位置占据的多少与高低。不同的大学行动者对科研评估采取了不同的应对措施，而他们提高研究评级的策略主要是加强研究管理工作和注重科研评估战略等。同时，不同的大学行动者也受到了科研评估制度程度不同的影响。

英国科研评估指标体系主要包括研究成果、研究环境和学术声誉三部分，对研究成果最为重视，且赋予的权重较高，而对研究环境等必要条件及学术声誉两项指标的重视程度远不及研究成果。

组织是互动的个人或团体为实现一定的目标，通过一定的结构所形成的具有明确界限的社会单元。组织的要素包括目标、战略、结构、文化、人员群体和物质支撑条件。大学是以高深知识为操作对象，围绕学科和行政单位进行教学与科研活动的矩阵型组织。探究、生产与发展高深知识是高等教育机构特别是大学的核心使命，而学科组织则是大学中完成该使命的最基础的机构。

鉴于学科在大学视域里的含义大致包括（高深）知识、（学科）组织和研究者（教师和学生），所以本书将英国科研评估的指标体系重新划分为知识、学科组织和研究者三个维度，其核心是对投入与产出的评估。研究者主要包括研究活跃型教师、研究员和研究生，知识主要包括上述三类人员所发表的科研成果，学科组织的物质与规则保障主要包括战略、结构、管理和物质技术基础等。

第四章　英国大学学科科研评估案例（上）
——纽卡斯尔大学英语语言与文学学科和华威大学化学学科

作为传统经济强国的英国，其高等教育具有不同于美洲和欧洲大陆国家的鲜明特征。英国大学历来崇尚学术自由与学术自治，但是 1986 年由半官方的高等教育基金委员会（HEFCs）组织实施科研评估（RAE）之后，政府开始根据科研评估结果、以学科为单位向大学分配科研经费。同时，英国科技厅（OST）下属的研究委员会（RCUK）的科研项目资助也将大学科研评估结果作为重要的衡量依据。因此，英国科研评估制度与大学学科发展之间存在着紧密的联系。为此，本书选取英国一流大学的重要群体"罗素联盟"中三所大学的三个学科，即纽卡斯尔大学英语语言与文学学科、华威大学化学学科、曼彻斯特大学生物科学学科为案例，通过考察这三个学科 2001 年科研评估和 2008 年科研评估的各项主要指标，来探寻科研评估对英国大学学科发展的具体影响及其机制。

本书选取的样本大学为英国"罗素联盟"的三所综合性大学，其世界排名①在 20 名到 200 多名之间。其中纽卡斯尔大学始建于 1834 年，曼彻斯特大学始建于 1851 年（该校于 2004 年发生了大学合并），二者都属

---

① 此处的大学排名依据的是英国《泰晤士报高等教育副刊》的"世界大学排行榜"（2009）。

于城市大学或者说"红砖大学"（redbrick university）；华威大学属于"新大学"，该校非常年轻，1965 年才建校，不过却是后起之秀型大学。笔者从上述三所大学选择的三个学科涵括了人文社科（英语语言与文学）、理学（化学）和工学（生物科学）三大学科门类。

笔者进行案例选择的依据主要是：牛津、剑桥大学等"罗素联盟"中的顶尖大学，在近三次科研评估中的学科排名变化情况不太明显，一般呈现出整体卓越的态势。尽管顶尖大学也多多少少受到了科研评估制度的影响，逐渐开始重视对大学学科的调整与整合工作，但是总体来看，顶尖大学可以更加自由、自主地依照科学自身的发展规律以及学校的整体学科发展思路，相对不受科研评估制度干扰地稳步发展。而在"罗素联盟"中不太起眼的大学则由于科研实力有限，获得的科研拨款较少，所以其代表性与典型性也不强。有鉴于此，本书借鉴了"中层理论"的思路，从"罗素联盟"的中游大学入手，研究科研评估制度对于大学学科发展的具体影响，以期更具代表性与典型性。

在第三章中笔者将科研评估指标体系的三大指标，重新划分为知识、组织和研究者三个维度。为了便于对英国三所大学三个学科的科研评估材料进行分析，并且提炼出带有规律性的结论来，本书将这些学科 2001 年和 2008 年（必要时涉及 1996 年）的科研评估材料按照知识、组织和研究者等三个维度重新整合，然后再逐项进行分析。

这里的知识主要是以科研成果的形式来体现的，包括成果的数量与质量等。尽管科研成果的产出者主要是研究活跃型教师，但是研究员和研究生发表的作品也属于科学研究成果，所以也将它们划归在知识的维度之内。从这个意义上来说，知识的维度和研究者的维度存在交叠的地方。组织大致包括研究组织、研究管理、研究战略、师资政策，其中研究资助与收入、研究奖学金、研究设施等属于物质技术保障的范畴，它们是大学学科组织进行科学研究不可或缺的重要因素。研究者的维度包括研究活跃型教师、研究员和研究生等。尽管知识的维度和研究者的维度存在着大量交叉的地方，但是基于研究的需要，笔者将这两个维度截然分开了，期冀这样做能找出英国科研评估的评价重点，以及科研评估制度对大学学科发展的具体影响。

通过对比纽卡斯尔大学英语语言与文学学院、华威大学化学系、曼彻斯特大学生物科学学院 2001 年和 2008 年组织维度方面的科研评估材料，笔者发现，尽管组织因素在科研评估中的权重大约只占 20%，但是该方面的材料却在科研评估材料中占了很大篇幅。其原因是研究组织工作是开展科学研究活动的制度保障，没有良好的组织和管理，一流的科学研究成果也不可能产生。在三所大学三个学科的案例中，组织维度被视为科学研究的制度性保障。

第一节　纽卡斯尔大学英语语言与文学学科科研评估案例

一、纽卡斯尔大学及其英语语言与文学学院概览

纽卡斯尔大学（University of Newcastle upon Tyne）因位于英格兰北部的历史名城纽卡斯尔而得名。纽卡斯尔大学是在成立于 1834 年的纽卡斯尔医学与外科学校和成立于 1871 年的阿姆斯特朗物理学院的基础上建立起来的。经过一百多年的不断发展，纽大现已成为一所享誉世界的英国名校。该校在最新的全球大学排名中入围 TOP 200，在 2010 年《泰晤士报》英国大学排名中名列第 21 位；曾被评为"2000 年英国年度最佳大学"称号；是英国 20 所主要研究型大学联盟"罗素联盟"的成员；也是国家级战略决策问题的重要参与部门（Newcastle University，2007）。

纽卡斯尔大学下设三大学部（faculty），即艺术、人文与社会科学学部，自然科学、农业与工程学部和医学部，共有 24 个院系（school）。截至 2008 年 12 月（Newcastle University，2009），学校的学生总数是 18878 人（本科生 14155 人，研究生 4723 人），其中包括 1407 名来自世界近 60 个国家和地区的国际留学生。大学开设 400 多门本科学位课程和近 150 门

专业的研究生课程。所学课程质量都受到严格控制，在 2001 年科研评估（RAE2001）中，纽卡斯尔大学的 21 个系获得了 5*、5 级的优异成绩。其工商管理硕士专业（Master of Business Administration，MBA）是全球为数不多得到世界工商管理硕士专业认证委员会（Association of MBAs，AM-BA）认可的之一。大学的优势专业包括：医学、生命科学、国际经济与金融、国际财务分析、音乐、翻译学、口译、经济学、心理学、农业科学、环境科学、电子工程、机械工程、土木工程、系统工程、交通工程、景观设计、城市规划等。

纽卡斯尔大学英语语言与文学学院（School of English Literature, Language & Linguistics）拥有 65 位教师、约 100 名博士生，包括英语语言学和文学两个主要研究群组。该学院大部分经费是教学经费，每年能获得 60 万英镑高等教育基金委员会（HEFCE）研究质量拨款（quality - related, QR），相当于全院总收入的 1/4—1/3（HEFCE，2007）。

在 2001 年科研评估中，英语语言与文学学科获得了 5 级，这比 1996 年的 3a 级有了显著的进步。在 2008 年科研评估中，该学科 70% 的研究成果被评为国际优秀（internationally excellent）或世界领先（world leading）（见表 4.1）；提交参与评估的研究活跃型 A 类人员的全时当量数（Full Time Equivalent，FTE）是 30.8，研究员的全时当量数是 1.0，研究助手的全时当量数是 2.0。

表 4.1 纽卡斯尔大学英语语言与文学学科 2008 年科研评估质量概评

提交申请的科研活动达到标准等级的百分比（%）				
4*	3*	2*	1*	没有等级
25	45	25	5	0

资料来源：University of Newcastle upon Tyne. UOA 57 - English Language and Literature. Quality profile［EB/OL］.（2009 - 04 - 30）［2010 - 01 - 20］. http：//www. rae. ac. uk/submissions/submission. aspx？id = 164&type = hei&subid = 3378.

二、纽卡斯尔大学英语语言与文学学科科研评估材料分析

（一）组织的维度

1. 研究战略

尽管学科领域不同，但是 2001 年科研评估将两个专业合并起来参与评估，却是两个研究群组有意合并的表现。纽卡斯尔大学英语语言文学研究系（Department of English Literay and Linguistic Studies，DELLS）致力于构建一种研究文化，并战略性地、最大限度地提高研究质量、挖掘研究潜力。从管理上来说，学系的研究战略是从组织上激发每位研究人员的士气，并支持高质量的研究项目。通过加强内外部协作，积极鼓励研究人员申请外部资助，外引内联地扩大研究范围与影响。从智力支持上来说，学系的战略是打造一种鼓励进取、思想交流、对教师们寄予厚望的研究环境（University of Newcastle upon Tyne，2003c）。

学系的这些战略已经获得了成功：提交的外部申请数增加了，获得的资助也更多了；研究生的文化氛围更加充满活力；研究成果通过大会、演讲、研讨会和出版物等形式在国内外广为传播。学系与纽卡斯尔大学跨院系研究中心联合开展跨学科研究，取得了不错的成果。

在 RAE2008 期间，英语语言与文学学院对未来充满信心，并坚信有能力将活力十足的研究文化继续发扬光大。学院将儿童文学和文学创作两个领域确立为创建世界一流的战略重点。同时，学院还长期关注特定时期的英国文学与文化和世界英语文化方面的创新与范式转换。学院的长期目标是：第一，关注当前的跨时段和合作研究；第二，扩大国际网络；第三，强化与地区文学团体的联系；第四，探索新的研究成果传播方式。

在 2008—2010 年期间，一系列在 RAE2008 周期内着手的重要图书编纂和项目工作相继完成。其中包括：Cain 的"赛扬努斯"（CUP，2008）、"罗伯特·赫里克"（OUP，2010），Davies 的《伊丽莎白·G. 费格斯选

集》（Cornell，2009），Bell - Williams 的《定格的温柔：妇女与 1950 年代的英国流行电影》（I. B. Tauris，2010）等。

儿童文学中心正巩固其国际儿童文学研究中心的地位，已出版大量的作品。例如，K. Reynolds 的《儿童文学的起源与发展》（Palgrave，2009），Grenby 的《儿童流行文学》（合编，Ashgate，2010）等。巩固该中心的重要举措还包括正在进行的地区档案整理工作。

其他领域正尽力扩大跨学科交流。做得比较好的是纽卡斯尔现代早期研究项目，其参加人员包括英语、历史、法律和音乐学科的教师、研究助手和研究生。未来两年，该研究小组计划每月都举行座谈会，还有文学合作工作坊、"现代早期读物"大会、共和主义读书小组及大会。

在 John Batchelor 退休之后，学院将继续 19 世纪和维多利亚时期的研究。为此聘用了 McAllister，他目前正在写一本关于狄更斯和维多利亚时代死亡观的专著，而且得到了 19 世纪研究领域的知名学者 Wright 的帮助，Wright 最近刚刚出版了广受欢迎的关于托马斯·哈代的研究成果。

文学创作是纽卡斯尔大学的优势领域，处于全国文学批评与创作融合的论战中心，它也是英语语言与文学学院发展最快的研究领域，学院乐意继续保持该势头。北方作家中心的建立是一项重要举措，该中心鼓励对话（例如创新理论及其实践的专门休息日），并筹划研究人员与作家的协作。事实上文学创作中心积极开拓成果多样化的研究项目，Procter's Diasporas 的项目令人鼓舞地表明了此类协作相当有益。

在聘用了 Peter Reynolds 为影视研究教授之后，从广义上来说已经拓展了文学创作。Reynolds 作为国家大剧院的顾问，设计、共同写作和改编了一部夺得了大奖的舞台剧。该剧于 2005 年获得了两个英国电影和电视艺术学院大奖（BAFTA Awards）和联合国世界网络学习最高奖（United Nations' World Summit Award for E - Learning），而且 2006 年还获得了英国教育和技术转化奖（British Education and Technology Transfer，BETT Award）。

在获得成功以后，为了在 21 世纪让更多的使用者包括专业电影制作人能够在电子档案里看到排练的情景，Reynolds 正与北方剧场合作开发一种研究设备。John Yorke 刚刚被学院聘为客座教授，并将在今后三年为研究生和本地区作家主持工作坊。

2. 研究组织

RAE2001 时英语语言文学研究系包括两个研究群组，即文学研究（属于 A 群组）和英语语言与语音学（属于 B 群组），其中前者共有 16 名 A/A* 型教师，后者有 7 名 A 型教师，同属于两个群组的教师有 2 人。RAE2001 时并没有将教师们分开提交评估，将他们都归入了 UoA50 即英语语言与文学（English Language and Literature），而 RAE1996 时则将英语语言与语音专业划归到了 UoA56 即语音学系（Department of Speech）。

两个研究群组的突出特色是，都致力于使理论紧密联系实践，例如英语语言与语音专业注重将普世模式与社会文化变迁相结合；文学研究注重文本与历史的联结；努力开发本地区的重要资源，竭力将文献研究定格于文化和本区域之中，综合而不是孤立地探究语音和文学认知的形成规律。同时，两大群组之间也进行合作，例如泰恩河流域（Tyneside）和诺森伯兰（Northumbrian）地区的语音文集项目（最近获得了 AHRC 的资源增进资助）中将要应用的信息技术，也将用于英语语言文学研究系的特色项目即诗歌文献的语音录制工作中，目的是扩大其网络传播范围。

在 RAE2001 期间，英语语言文学研究系与纽卡斯尔大学跨院系研究中心（interdepartmental research centres）诸如语音研究中心（Centre for Research in Linguistics，CRiL）、影视与媒体研究中心（Centre for Research into Film and Media，CRiFaM）、性别与女性研究中心（Centre for Gender & Women's Studies，CGWS）等联合开展跨学科研究，取得了不错的成果，例如影视与媒体研究中心获得了艺术与人文委员会的卡门项目（Carmen project）、语音研究中心获得了文集项目（Corpus project）等。

在 RAE2008 期间，纽卡斯尔大学英语语言与文学学院竭力支持英语语言与文学方向不同研究领域的学术合作。下面按照时间顺序列出了各时期的研究领域：

①文艺复兴和现代早期文学与文化（Renaissance and Early Modern Literature and Culture）。②18世纪晚期和浪漫主义研究（Late‐Eighteenth Century and Romantic‐Period Studies）。③现当代研究（Modern and Contemporary Studies）。在这些领域中，研究者们将新的理论研究法与传统的学术方法、文本编辑和文献研究相结合。教师们决心通过文献编纂重新解读诸如Herrick、Jonson、Scott、Shelley等文学巨匠。该方向的目标还包括：第一，拓宽概念；第二，参与新的理论讨论；第三，开展跨学科合作；第四，以新的方式传播成果。④影视与数字媒体（film and digital media）领域的研究。⑤后殖民研究。⑥儿童文学。⑦文学创作。所有这些领域都开展跨学期讨论和合作。英语语言文学方向的教师在一些学部层级的跨学科研究群组中发挥了领导作用，例如在纽卡斯尔大学艺术、人文与社会科学部（Newcastle Institute for the Arts, Social Sciences and Humanities, NIASSH）内的研究群组包括：第一，纽卡斯尔现代早期研究；第二，后殖民研究；第三，影视与媒体研究；第四，儿童文学研究。

英语语言与文学学院的教师们还与达拉谟、诺斯布雷、森德兰（Durham, Northumbria and Sunderland）等地的大学共同领导了跨学科的东北研究生"18世纪"论坛，以及类似的东北部影视研讨会。其合作形式包括组织著名访问学者系列讲座、工作坊与读书小组等。

高技术的"文化研究室"（Culture Lab）也大力支持大学、学院的教师们与影视制作人在数字媒体方面展开合作，并在纽卡斯尔大学斥资220万英镑建立了研究启动基金项目（SRIF‐funded development），旨在促进科学与人文的融合。

英语文学群组也高度重视教师研究，并给予大力支持。例如，Whaley的古代挪威‐冰岛文学（Old Norse‐Lcelandic Literature）及人名学研究（Name Studies）。Whaley也发展了英国优秀的编辑传统。

3. 研究管理

纽卡斯尔大学、学院和学系的政策框架中都含有推进研究工作的管理机构。由研究室主任负全责的学系研究委员会（Department Research

Committee，DRC）的组成人员包括系主任（轮流担任）、英语语言与语音专业教授、研究生主管和语音研究中心的代表等。每学期他们至少一个月聚会一次，其会议备忘录供每位教师传阅。研究委员会负责：①研究战略与规划，并积极鼓励学系教师们广泛合作；每六个月都要调阅并评估教师们的个人研究计划。②管理着一笔资金，每年每位教师可申请500英镑，用于支付差旅、邀请学者们来系里做讲座及其他研究支出。③负责学系的研究休假安排（详情请见后面"师资政策"部分）。④寻觅研究机会并知会教师们，评估教师的外部资助申请草案。⑤负责研究生入学工作，尤其为他们提供小额资助，鼓励他们向会议提交论文。

英语语言文学研究系将研究生视为其研究文化中的关键因素，为加强工作力度，1999年将研究生工作从研究室主任交由专职研究生主管负责。该主管的三个主要职责是：①每两周举行一次师生研讨会与内部会议，交流正在进行的研究，并通过学生主导的读书小组等形式，鼓励研究生们融入学系的研究文化当中；②追踪学生的发展及毕业率，每年都要对程序进行评估以检验管理效率；③负责研究生入学及其向艺术与人文研究委员会、经济与社会研究委员会等提交资助申请及内部竞争性资助等事宜。鉴于核心研究技能的重要性，学系修订了英语语言与语音专业研究生的研究必修模块课程，并将很快推出新的文学研究模块课程。2001年，为鼓励研究生扩大专业与研究技能，研究生主管组织了一系列参与式研讨会。

在2001年科研评估中，纽卡斯尔大学英语语言与文学学科获得了5级，这比1996年的3a级有了显著的进步，所以研究质量拨款也大幅度增加了。英语语言与文学研究需要时间，因此学院利用可自由支配的QR资助提供了大量研究休假。院长掌握着该笔资金，每名教师通常每6—8个学期就能申请到1学期时间的研究休假（HEFCE，2007）。如果没有可自由支配的资金，英语语言与文学学院将处境艰难。因为研究项目拨款往往限制研究方向，研究助手对发表论文很重要，而充足时间则对专著非常关键。如果没有高等教育基金委员会（HEFCE）的研究质量拨款

（QR），英语语言与文学学院就需要重新定位其现有研究，且其研究成果形式可能要由专著向论文转移。

英语语言与文学学院设立了一个小型委员会来审核教师们的研究休假申请，申请者至少要提前一年开始规划，例如申请基金或使用图书馆等。另外，艺术与人文研究委员会的研究休假项目需要申请者先获得所在单位的休假，否则即使提供全额经济成本的大型研究项目也没有研究休假。学院申请艺术与人文研究委员会研究休假的成功率很高，加之学院内部的研究休假，研究者便可获得整整一年的休假时间。在考虑研究休假申请的时候，学院委员会考虑的因素包括：①该课题能否按时完成；②与该申请者上次获得休假的时间间隔；③该研究者是否承担着主要的管理工作；④该课题对于申请其他的研究资助项目的重要意义。

在 RAE2008 期间，总体的研究战略使英语语言与文学学院不断拓宽 RAE2001 所设想的英语文学的发展思路。其中，美国研究、流散文化（diasporic cultures）、记忆和历史理论业已成为学院周期研究不可分割的一部分。学院已经远远地超越了最初所设定的目标，走在了儿童文学和创作两大文学研究新萌芽领域的前列。尽管都以英格兰东北部为根据地，但其受众远及国内外。

纽卡斯尔大学采取了诸多方式支持研究工作。纽卡斯尔艺术、人文与社会科学学部对学院的研究群组进行指导与评估，最重要的是提供资助，这些群组包括纽卡斯尔现代早期研究、后殖民研究和影视与媒体研究。学部的支持包括为学术会议提供资金和组织工作，例如网页设计、场馆预订和预算管理等。同时，学部还建立了两年一度的竞争性研究项目即学部研究基金（Faculty Research Fund），以资助教师们在准备申请外部资助之前先进行前期预试验（pilot projects）。2006 年，Gillis 和 K. Reynolds 获得了战争与儿童国际合作项目的预试验资助。

文学创作中心广泛参与大学的文化发展事业，例如文化研究室（Culture Lab）、北方剧场（Northern Stage）、北方作家中心（Northern Writers' Centre）等，它们都是以大学为依托的。文化研究室为 Gharavi 的研究提供了重要的环境，而北方作家中心将是创新性合作的场所。由于聘用了Peter Reynolds 为影视研究教授，所以该中心正在与北方剧场进行项目合作。

研究室主任和系主任负责学院的研究管理工作，同时要与研究委员会（Research Committee）协商。该委员会定期聚会，对研究预算、外部资助申请和学部研究与战略委员会（Faculty Research and Strategy Committee）新启动的研究项目进行评估。同时，研究委员会还筹划访问学者项目、学院的研究休息日。在研究休息日里，教师们可以了解资助项目，获得最新的研究委员会的项目资助信息，得到向大型研究资助项目提交申请的建议。学院院长、文学方向的负责人以及研究室主任每年都聚会，以评估研究休假申请。研究室主任负责维护学院的内部网页，为教师们提供研究机会和新项目方面的建议。学院的研究管理工作要考虑教师们的需要及学术兴趣，但是研究室主任的重要作用是将教师们的学术兴趣与大学和国家的利益结合起来。

文学创作中心鼓励教师们申请外部研究资助，包括艺术与人文研究委员会的研究衔接休假（top – up research leave），并将之作为内部休假的补充。2001 年以来，他们已经获得了 35 项英国科学院（British Academy）和艺术与人文研究委员会的研究资助。教师们在申请研究资助时，将在教学和管理工作上得到支持，包括学院管理者在项目经费上的支持。研究室主任和学部、学院的同行评议协会（Peer Review Colleges）都会为研究申请提供建议，并负责对其进行评估。艺术与人文研究委员会资助项目的主持者（Principal Investigators）将获得诸多支持，例如减轻其管理职责和教学负担或者提前公休（sabbatical leave）等。

文学创作方向所有的硕士生都必须修习学部及学院长达一年的研究训练模块课程（research training modules）。文学创作中心的模块课程——文学研究训练——为学生提供学术规范和学术研究方法方面的训练。博士生可以选修该模块课程，在学习的每个阶段，学部都会为博士生们开设各种各样的研究训练课程。

4. 师资政策

研究是纽卡斯尔大学和英语语言文学研究系在教师试用、聘任与晋升等工作中考虑的最重要的因素。教师们定期评估自己的研究计划，并得到个人研究计划评估（六个月一次）和两年一度的评估的支持。所有的新教师都配备了一名学术指导者，在其开始学术生涯时提供建议和支持（例如在提交研究申请和采用建设性方法等方面）。研究室主任和新进教师每学期都要开会，这已成为一种推广成功经验的途径。所有的研究活跃型人员每七个学期都可以申请一学期的内部资助休假，学系还鼓励他们申请艺术与人文研究委员会和利午休姆基金会（Leverhulme Trust）的研究休假项目。在学期当中，教师们每周可以有一天的研究日。1996年以来，学院和学系为了让研究人员在没有休假的情况下顺利完成项目，投入了大量资金外聘教师来完成教学工作。

本科生教学政策是在第二、第三学年以研究为导向，这也渗透到了人员聘用战略中。英语语言文学研究系对未来的教学和研究工作都持乐观态度，而且采取了扩张政策。

为了应对学生数量的高速增长，2001年9月以来又聘用了 Gemma Robinson 和 Upamanyu Pablo Mukherjee 为讲师，他们将大大增强文学研究群组在后殖民研究领域的实力。今后一段时间预计将会进一步聘用更多的教师。

鉴于资深研究者往往容易从其他渠道获得研究资助，因此，在一定程度上英语语言与文学学院的研究休假向年轻教师倾斜。2001年科研评估以来，学院将儿童文学和文学创作确定为研究重点；为了获得科研补助金，学院还积极回应文化产业等的需求；研究休假项目全力支持学院研究，其申请者要在该时间段内完成特定课题或者启动新课题。

研究休假项目是英语语言与文学学院支持年轻研究者并帮助他们获得学术声誉的途径之一。几年间学院的文化氛围已发生转变：过去主要由资深研究者获得资助，现在则注重教师整体研究水平的提高（或许是科研评估的结果）。学院院长认为研究休假对成果产出非常重要。从学术角度来说，研究休假为研究者撰写专著等长篇作品提供了机会。当然教学时也可以写论文，但要写出思考缜密且时间要有保证的长篇论文却很难。研究休假便于启动研究课题且有助于其成果能够提交参加科研评估。同时，研究休假可以使研究人员更加超然物外地参观英国和海外的博物馆，利用研究资助与本领域的其他学者进行交流等（HEFCE，2007）。

英语语言与文学学院聘请的教师彼此合作，从事跨学科研究，而且还具有长远的研究潜质。文学创作中心的教师队伍扩充很快。学院不仅稳固了研究优势，而且还通过聘用新教师战略性地去开辟新的研究领域。

在 RAE2008 期间，英语语言与文学学院聘用了一大批前途无量、事业刚起步的研究者（early career researchers），且从中获益匪浅。学院还出台了一系列支持新研究者的政策措施，以给予他们时间和资源去拓展研究兴趣并挖掘研究潜力。这些措施包括：第一，减少他们的教学和/或管理工作，以给他们更多的研究时间；第二，鼓励他们申请较长时间的休假以研究出重大成果；第三，委派一名高级学术人员作为他们的指导者，以帮助他们谋划并拓展研究活动。研究助手（Connolly and Schurink）每学期也至少约见一次研究室主任，去讨论他们的职业发展。学院鼓励研究助手申请大学的创作奖，这样就可以从项目中抽出时间来完成自己的研究；鼓励他们申请博士后基金，例如利午休姆研究者早期职业项目（Leverhulme Early Career scheme）。

所有的教师都是研究活跃型的，学院采取了一系列措施为他们争取更多的研究时间：第一，雇用额外的办公人员以减轻学术人员的管理压力；第二，为教师们规划研究休假。那些承担了繁重的管理工作的教师例如院长、本科生主任、研究生主任和许多博士生导师等，学院相应减少了他们的教学工作量。同时，学院每年也为每位教师提供数额不等的研究补助，其中高级讲师及以上人员为 400 英镑，讲师及研究助手为 500 英镑。这有别于国内大学的职称越高往往补助越高的情况，值得我们借鉴。

5. 物质技术保障

（1）研究资助与收入

纽卡斯尔大学英语语言与文学学院的研究收入从 1996 年科研评估时

的 11904 英镑快速增长到了 2001 年评估时的 265923 英镑。

在 2008 年评估期间，英语语言与文学学院获得的外部资助增长迅速。RAE2001 时文学、语言和语音三个研究方向总共获得了 265923 英镑，而到了 RAE2008 时，仅仅文学方向的教师就获得了 1072000 英镑的外部资助。英语文学方向是艺术与人文研究委员会三大研究资助项目的常客，并且还申请了其他三个国际驰名的研究项目。外部资助极大地提高了学术成果的质量，这体现在学术产出一栏中（University of Newcastle upon Tyne，2009d）。

在 RAE2008 中，外部科研收入的主体是科技厅的研究委员会和慈善组织，前者大约占科研总收入的 88%，后者约占 12%（University of Newcastle upon Tyne，2009d）。在研究收入来源中，2001 年科研评估将来自英国科技厅下属的艺术与人文研究委员会的经费从其总体即研究委员会中单独分列，但 2008 年科研评估则又将来自艺术与人文研究委员会的经费整合进了其总体中。

（2）研究奖学金

1996—2001 年期间，多达 11 名教师获得了英国科学院（British Academy）和艺术与人文研究委员会的研究休假（AHRB Research Leave Awards）资助。纽卡斯尔大学每年为所有学科提供 2—4 项高度竞争性的博士后奖学金。在 RAE2001 期间，英语语言文学研究系已经拥有 5 位该类研究员（包括 Whitehead and Ferris），他们为学系研究文化的构建、会议组织和阅读小组等工作做出了重要贡献。

在 RAE2008 期间，英语语言与文学学院获得了数量喜人的项目资助，例如 2001—2002 学年以来的艺术与人文研究委员会资助项目 32 项，海外研究生资助 6 项，纽卡斯尔大学国际研究生奖学金 16 项。许多国际学生都获得了他们所在国家的政府资助。另外，学院还为没有获得资助的学生提供竞争性奖学金，目前一次性支付 4000 英镑，还每年为 5 名学生提供学费（home - level fees）。

（3）研究设施

1996—2001 年期间，英语语言文学研究系直接提供了丰富的研究支持资源，且该资源不断增加。它们包括图书、缩微胶片和一套珍稀的 20 世纪诗人的录音带，还有泰恩河畔方言档案。英语语言文学研究系与纽卡斯尔大学罗宾斯图书馆在诸如电子期刊、缩微胶片、数据库、特殊收藏和遗赠物等资源方面保持着密切联系。近期纽卡斯尔诗人 Barry MacSweeney 的档案与作品同时保存在了罗宾斯图书馆和英语语言文学研究系。

2004—2005 学年，英语语言与文学学院更新了研究生设施。例如，在学院大楼中留出一层作为研究生的学习场所，提供包括计算机、复印、影印和厨房设施等。同时，开通了无线网。研究生可以在该场所中办理笔记本电脑借用手续，也可以在外出参加会议期间使用。研究生每年得到 150 英镑的会议资助，学院还提供复印及馆际互借补助。师生之间以及学生之间的交流很顺畅。研究生主任开通了博客，并在上面公布通知、消息等。研究生在虚拟学习空间及 BBS 等网络社区上很活跃。博士新生由有经验的研究生进行指导。

（二）研究者的维度

1. 研究活跃型教师

1996—2001 年期间，纽卡斯尔大学英语语言与文学学院聘用了 6 位教师，极大地增强了研究实力，也降低了教师的平均年龄。例如：1996 年刚刚获得哈佛大学博士学位的 Poole 进入英语语言与语音系。2000 年曾任华威大学准教授（readership）的 Chedgzoy 被聘为文艺复兴文学教授，主攻现代早期文学与文化研究，并积极投身于性别与女性研究中心的工作中。2000 年跨学科美国问题专家 Beck，接替了赴诺丁汉大学任美国研究教授的 Newman。2001 年 2 月由大学战略基金（University's Strategic Fund）资助的 Whitehead 于两年临时讲师期满后转正。她是一位年轻的损伤理论（trauma theory）和大屠杀写作（Holocaust writing）领域的卓越研究者，其研究整合了 Anderson 和 Rossington 的工作。2000 年国际知名诗人、

1998—2000 年任北方文学研究会会员的 Shapcott，被聘为诗学客座教授，以开拓文学领域的当代诗歌与创作研究。

2001 年以来，纽卡斯尔大学英语语言与文学学院的文学方向发展壮大得很快。在 2001 年科研评估中，学院提交了 21 位文学教师参加评估，而且有些是与英语语言与语音方向（5A）联合提交的。2008 年科研评估时学院提交的文学方向教师为 35 名。而英语语言与语音方向的教师都划归到了 UoA58 参加评估。纽卡斯尔大学英语语言与文学学科在近三次科研评估中的研究人员（包括研究活跃型）数目的变化轨迹如表 4.2、表 4.3 和表 4.4 所示。

表 4.2　纽卡斯尔大学英语语言与文学学科 RAE1996 研究人员概况

1996 年科研评级	3a
提交学术人员的比例所属类型	B
研究活跃型 A 类人员的全时当量数（FTE）	21.0
研究助手的全时当量数（FTE）	
研究生的全时当量数（FTE）	

　　注：提交学术人员的比例所属类型：A 型，提交的学术人员占全职教师的比例在 95%—100% 之间；B 型，提交的学术人员占全职教师的比例在 80%—94% 之间；C 型，提交的学术人员占全职教师的比例在 60%—79% 之间；D 型，提交的学术人员占全职教师的比例在 40%—59% 之间；E 型，提交的学术人员占全职教师的比例在 20%—39% 之间；F 型，提交的学术人员占全职教师的比例在 20% 以下。

表 4.3　纽卡斯尔大学英语语言与文学学科 RAE2001 研究人员概况

2001 年科研评级	5
提交学术人员的比例所属类型	A
研究活跃型 A 类和 A* 类人员的全时当量数（FTE）	23.96
研究助手的全时当量数（FTE）	0.00
研究生的全时当量数（FTE）	20.75

　　资料来源：University of Newcastle upon Tyne. Summary of submission ［EB/OL］.

（2003 - 10 - 17）［2010 - 01 - 20］. http：//www. rae. ac. uk/2001/submissions/Form. asp? Route = 2&HESAInst = H - 0154&UoA = 50&MSub = Z.

表 4.4　纽卡斯尔大学英语语言与文学学科 RAE2008 研究人员概况

研究活跃型 A 类人员的全时当量数（FTE）	30.80
提交评估的 C 类人员总数（人）	0
研究员的全时当量数（FTE）（RA1）	1.00
研究助手的全时当量数（FTE）（RA0）	2.00

由表4.2、表4.3 和表4.4可知，尽管从 1996 年科研评估至 2008 年科研评估，研究活跃型教师的范围先由 A 类变为 A 类和 A* 类，后又缩小为仅包括 A 类教师，但是笔者仍然可以从中发现一条清晰的轨迹。在三次科研评估的 12 年间，纽卡斯尔大学英语语言与文学学科的研究活跃型教师全时当量数（FTE）从 21.0（RAE1996）到 23.96（RAE2001）再到 30.80（RAE2008），其中 RAE2008 比 RAE2001 增长了 6.84。而与研究活跃型教师的数目变化相应的是，研究助手的全时当量数（FTE）从 0.00（RAE2001）增长到 2.00（RAE2008），RAE2008 与 RAE2001 相比变化不大。

如果再观察一下英语语言与文学学科在近三次科研评估中的评估成绩即可发现，该学科的科研评级从 RAE1996 的 3a 大幅跃升到了 RAE2001 的 5 级，而且提交的学术人员的比例所属类型也从 B 提高到了 A。可见，英语语言与文学学科的研究活跃型教师的比例提高了，而数量只是小幅上扬。由此笔者可以判断出，纽卡斯尔大学英语语言与文学学科在 2001 年科研评估中成绩上扬的主要原因不是研究活跃型教师的数量增长，而是研究成果数量的增加和质量的提高，也就是说是知识的维度发挥了最重要的作用，从而排除了以"人海战术"取胜的可能。

另外，在 2001 年科研评估中，纽卡斯尔大学的研究活跃型教师总数最多的评估单位是"以医院为基础的临床学科"（UoA03），其研究活跃型 A 类和 A* 类人员的全时当量数（FTE）是 103.16，而该学科未被选择参与评估的 A 类和 A* 类人员的全时当量数（FTE）是 57.68。英语语言与文学学科（UoA 50）的研究活跃型 A 类和 A* 类人员的全时当量数（FTE）是 23.96，且仅有 1 位全职人员未被提交参与评估（见表 4.5）。

表 4.5　纽卡斯尔大学英语语言与文学学科 RAE2001 全体人员概况（RA0）

评估单位	联合提交	A类人员全时当量数（FTE）		在职的 A* 类人员全时当量数（FTE）		离职的 A* 类人员全时当量数（FTE）		博士后研究助手全时当量数（FTE）	研究生研究助手全时当量数（FTE）	技术员全时当量数（FTE）	科技管理人员全时当量数（FTE）	实验管理人员全时当量数（FTE）	其他研究辅助人员全时当量数（FTE）
		选择的	未选择的	选择的	未选择的	选择的	未选择的						
03		97.16	56.68	3.0	0.0	3.0	1.0	119.76	17.73	50.40	0.00	0.00	47.20
50		22.96	1.00	1.0	0.0	0.0	0.0	0.00	0.00	0.00	0.00	0.00	0.00

资料来源：University of Newcastle upon Tyne. RA0: Staff summary ［EB/OL］. (2003 – 10 – 17)　［2009 – 09 – 10］. http：//www. rae. ac. uk/2001/submissions/RA0. asp? route = 1&HESAInst = H – 0154&UoA = 03&Msub = Z.

2. 研究生

RAE2001 时，纽卡斯尔大学英语语言与文学学科的研究生全时当量数（FTE）是 20.75，而该学科 RAE2008 的研究生全时当量数及硕、博士学位授予数的信息如表 4.6 所示。

表 4.6　纽卡斯尔大学英语语言与文学学科 RAE2008
研究生全时当量数（FTE）及硕、博士学位授予数

年份	全时总人数（人）	在职总人数（人）	全时当量总数（FTE）	所授硕士学位数（个）	所授博士学位数（个）
2001	15.50	8.00	19.50	1.50	2.00
2002	11.00	12.50	17.25	2.00	5.00

续表

年份	全时总人数（人）	在职总人数（人）	全时当量总数（FTE）	所授硕士学位数（个）	所授博士学位数（个）
2003	19.00	14.00	26.00	6.00	6.00
2004	36.00	19.00	43.33	7.50	2.00
2005	41.11	29.99	54.32	11.00	3.00
2006	39.00	35.11	55.60	3.00	4.00
2007	46.00	47.50	66.38	3.00	8.00
总计	207.61	166.10	282.38	34.00	30.00

资料来源：University of Newcastle upon Tyne. UOA 57 – English Language and Literature. RA3a：Research students ［EB/OL］. (2009 – 04 – 30) ［2010 – 01 – 20］. http：// www. rae. ac. uk/submissions/ra3a. aspx? id = 164&type = hei&subid = 3378.

从表4.6可知，近年来英语语言与文学学科的研究生数量增长很快。其中在2003—2004年间增长迅猛，但所授硕士和博士学位数并没有呈现迅速增长的势头。2006—2007学年英语语言与文学学院的研究生数是93.5（全时当量数，FTE），2007—2008学年又新招收了20名博士生、2名哲学硕士（MPhil）和6名文学硕士（MLitt students）。

另外，英语语言与文学学院的研究生不仅参与了教师们主办的所有会议，充当代表、主席和演讲者，而且也自己组织会议。例如，"浪漫主义与欧洲"（2001）、"身份"（2003）、"书籍与儿童"（2006）、"旋转的躯体：视觉文化的主体边界"（2007）、"创造性"（由文学创作中心的研究生组织，2007）等。另外，研究生在获得学术职位方面成绩斐然。他们的目的地包括普利茅斯（Plymouth）、卡迪夫（Cardiff）、曼彻斯特（Manchester）、阿姆斯特丹（Amsterdam）等。

（三）知识的维度

1. 研究活跃型教师的科研成果

1994—2001年，纽卡斯尔大学英语语言文学研究系的 A/A* 类和 C

类人员公开发表了 14 部专著，修订了 10 本著作，编纂了 15 卷论文集，发表了 153 篇期刊论文和工作文件（不包括书评等）。所有拥有博士学位的教师最近都出版了专著。1996 年以来，研究事业的发展在外部任命的准教授和教授中得以体现，前者如 Anderson、Babington、Graham、Whaley 等，后者如 Anderson、Cain、Graham 等。C 类研究人员中的 Duhig 为北方文学会会员（2000—2002），英语语言研究的 Osselton、中世纪研究的 Frankis、莎士比亚研究的 Honigmann 退休后仍是活跃在纽卡斯尔和国际学术界的著名学者。

2001 年以来，英语语言与文学学院共出版 21 部专著，24 部论文集，122 篇论文，32 部诗集、小说和戏剧及 9 部电影。

2001 年以来，研究生在英语语言与文学学院的研究文化中继续发挥着积极、重要的作用，其全时当量数（FTE）从 2001 年的 38 剧增至 2006—2007 学年的 93.5，而且随着研究生参加工作以及发表、出版其研究成果，他们对文学研究的贡献必将越来越大，并不仅仅局限于纽卡斯尔大学。

2. 研究生的成果发表情况

英语语言文学研究系加大研究生工作力度，并已结出硕果。1996—2001 年，学系研究生在同行评议期刊上发表了 8 篇论文，还有一些图书、工作文件和会议记录等；2001 年，两位研究生与北方文艺复兴研究会（Northern Renaissance Seminar）和英国浪漫主义研究会（British Association for Romantic Studies）通力合作，组织了一些具有国际视野的会议。由研究生学系主管负责，研究生委员会（The Postgraduate Committee）每学期聚会两次，来回应研究生们的需求。

英语语言与文学学院鼓励研究生参加会议，在学院内外提交论文。博士生业已在同行评议期刊上发表或者被录用了大量学术论文，这些期刊包括《济慈-雪莱评论》（*Keats - Shelley Review*）、《皇家医学会会刊》（*Journal of the Royal Society of Medicine*）等。而且他们还与诸如阿什盖特（Ashgate）、帕尔格雷夫（Palgrave）和罗多彼（Rodopi）等出版社保持合作。文学创作方向的很多研究生都出版了自己的作品，并且有些颇具影响。例如 Almond 编著的 *The Oyster*（2002）和 *The Works*（2004）都出现在了大学的阅读书目中。

通过对比纽卡斯尔大学英语语言与文学学科 1996 年、2001 年和 2008 年科研评估中的研究活跃型教师发表的成果以及研究生的学术成果，笔者发现，英语语言与文学学科的研究成果逐渐增加，而且随着研究生数量的急剧上升，他们的学术影响也越来越大。这些原因是纽卡斯尔大学英语语言与文学学科在近三次科研评估中成绩不断上升的主要原因之一。

三、纽卡斯尔大学英语语言与文学学科科研评估案例分析及结论

通过对比纽卡斯尔大学英语语言与文学学科 2001 年和 2008 年的科研评估材料，笔者发现，两次科研评估所提交的研究活跃型学术人员数平稳增长；研究生数量在 2003—2004 年间增长迅猛，但是所授硕士和博士学位数并没有呈现迅速增长的势头；在 RAE2001 和 RAE2008 评估周期内，学院获得的外部资助增长迅速。RAE2001 时文学、语言和语音三个研究方向总共获得了 265923 英镑，而到了 RAE2008 时，仅仅文学方向的教师就获得了 1072000 英镑的外部资助。

根据对纽卡斯尔大学英语语言与文学学科近三次特别是近两次科研评估材料的文本解读，笔者从中得出的结论是：英语语言与文学学科在 2001 年科研评估中成绩上扬的主要原因不是研究活跃型教师的数量增长，而是研究成果数量的增加和质量的提高，也就是说知识的维度发挥了最重要的作用，从而排除了以"人海战术"取胜的可能。

第二节 华威大学化学学科科研评估案例

一、华威大学及其化学系概览

华威大学（The University of Warwick），位于英格兰中部考文垂

（Conventry）市郊，是英国的一流大学，自从对高校进行排名以来，就一直名列英国前十。2010 年在《泰晤士报》全英大学综合排名中列第 6 名，2009 年《泰晤士报高等教育副刊》全球大学综合排名中列第 58 名。自 1965 年成立以来，它发展迅速，在科研和教育两个方面都享有杰出的声望。现有 30000 余名在校生及近 5000 名教职工，包括来自 100 多个国家和地区的 7500 余名海外留学生。（University of Warwick，2009）华威大学共分为四个学院——文科、理科、社会研究和医学，有 30 个院系和 50 个研究中心，提供 120 个不同专业的本科学位和超过 100 个硕士与博士研究生学位。课程都非常具有挑战性，要求严格，由一流的学者任教。华威大学历来都享有勇于创新的盛誉。大学在法学、数学和工程等专业的本科教学中积极探索新的方法。华威也是最早和工商业界建立密切联系的高等学校，而且在商业方面的研究相当杰出，甚至被昵称为"华威公司"（Warwick PLC）。华威大学是英国罗素大学联盟的成员，并曾是 1994 大学联盟的成员（2008 年 7 月退出）。

在 2008 年的科研水平评估（RAE2008）中，华威的科研质量在英国高校中名列第七，再次证明了华威是英国领先的科研型大学。为了支持研究人员和教师的工作，华威还不断增加新的设施和举措，如华威数字实验室、分析科学中心和沃夫森交换中心。每年 1 月在华威的校园里还会举办世界上最大的学生国际文化节"One World Week"，而且这是完全由学生主办的。

华威大学化学系（Department of Chemistry）是英国一流的化学系，也是华威大学理学院的核心学系之一。学系现有五个研究群组，即化学生物学（chemical biology）、材料化学（materials chemistry）、物理化学 – 化学物理学（physical chemistry – chemical physics）、合成化学（synthetic chemistry）、理论与计算化学（theory & computational chemistry）。目前化学系拥有全英国最多的工程与物理学研究委员会（Engineering and Physical Sciences Research Council，EPSRC）的研究项目资助，总数为 43 项，总金额约 2726 万英镑（EPSRC，2010）。截至 2009 年 10 月，化学系拥有

学术人员 32 人，研究生 145 人，本科生每学年约 120 人（University of Warwick，2009）。

华威大学化学系 1996 年科研评估（RAE1996）的评级是 3a 级，但是在 2001 年科研评估（RAE2001）中获得了 5 级。在这两次评估中，华威大学化学系提交的研究人员数几乎一样。在所有既参加了化学学科 1996 年科研评估又参加了 2001 年评估的 34 所大学中，只有两所大学的评定等级提高了两级，而且只有 3 所大学在 2001 年评估中获得了 5 级或 5* 级。这表明华威大学化学系的研究能力和水平显著提高了。在 2008 年科研评估（RAE2008）中，所有的学术人员都参加了评估，且都获得了国际认可（internationally recognized），75% 的研究成果被评为国际优秀或世界领先（见表 4.7）。

表 4.7 华威大学化学学科 RAE2008 质量概评

提交申请的科研活动达到标准等级的百分比（%）				
4*	3*	2*	1*	没有等级
15	60	25	0	0

资料来源：University of Warwick. UOA – 18 Chemistry. Quality profile ［EB/OL］. (2009 – 04 – 30) ［2010 – 01 – 10］. http：//www. rae. ac. uk/submissions/submission. aspx？ id = 173&type = hei&subid = 2085.

二、华威大学化学学科科研评估材料分析

（一）组织的维度

1. 研究战略

2005 年以来，华威大学和化学系将科学计算、材料学、系统生物学和化学生物学确立为战略发展的重点，决心提升在核心化学领域的实力。

华威大学化学系的研究战略是巩固基础，并与大学内外的院系和研究使用者通力合作，推进跨学科研究。学系的愿景是以优势化学学科为

中心，兼及其他科学学科。学系已经超越了 RAE2001 时所制订的计划，拓展了学系的关键领域，还追加了 2001 年时所不敢想象的投资——它们都来自学术人员竞争到的研究项目。学系的发展处于关键阶段，每个研究群组都相当国际化。未来六年的战略是，与其他学科适度合作，使每个研究群组更加茁壮成长，并开辟新的研究领域。学系将通过区域、全国和国际项目及与工商业界的合作，获得资金并发展壮大。化学系将在新的或者新设立的跨学科研究项目中发挥领导作用，例如华威大学新的目标疗法（Targeted Therapeutics）等项目。

学系计划建设成为国际重要的研究中心（hub），最近启动了国际客座教授项目（Visiting International Professorship programme），吸引国际顶级学者前来。第一批学者包括 Gellman、Frechet 和 Kern。

2007 年 7 月 31 日后数月内的举措都表明化学系为未来做好了充分的准备。特别是成功地主导了一项物理研究委员会的科学与创新资助（与物理学系和统计学系合作），总额达 340 万英镑，目的是建立华威大学分析科学研究中心（Unwin 任主任，最少五位化学系学术人员参与），这必将促进新的跨学科发展，例如质谱学（化学）、化学统计学与实验设计（统计学）和化学与结构材料学（物理学）。化学系的研究收入呈现上升趋势，至 2007 年 9 月，仅从研究委员会就获得了 300 万英镑的资助（其中从物理研究委员会获得 200 万英镑）。Hatton 于 2008 年早些时候为化学系带来了皇家工程学会的资助，学系正致力于增加独立的研究员数目。

化学系将继续加强高效的跨学科研究活动，这很明显已经成为华威大学研究的基本特色（distinctive cornerstone）。华威大学竞争到了大量的科学与技术和 DTC 资助，在这方面已经成为英国最成功的大学之一。值得注意的是，到 2007 年，45 岁以下的人员约占 40%，50 岁以下的人员约占 75%，华威大学化学学科大有希望继续保持其国际领先地位。化学系与大学校方合作，打算继续增加研究生和博士后数量，目标是到 2015年华威大学 50 年校庆时增长 100%；同时研究员和学术人员的数量也将随之增加。为实现该目标，大学校方已经批准了化学系实验设施的大幅度改善项目，包括新的高质量场所与尖端设备。值此大好良机，再加上优秀的、热情的人员和华威大学支持性的研究环境，化学系对未来充满信心。

　　2. 研究组织

　　华威大学化学系素来高瞻远瞩。早在 20 世纪 90 年代中期，该系曾是全球最早预见到传统化学的三分法即有机化学、无机化学和物理化学并不能涵括化学的最新发展的学系之一。在 RAE2001 期间，化学系成功地贯彻实施了将研究划分为三个非传统研究群组（合成化学、计算化学和测量学）的高瞻远瞩的研究战略（见表 4.8）。在 RAE2008 期间，华威大学化学系集中力量，确立了五大重点研究群组（cluster），即合成化学、化学生物学、材料化学、物理化学 – 化学物理学和理论与计算化学。实践证明，这些群组十分成功，并由全部学术人员定期对它们进行评估，由此在化学系创造了很好的科研环境。每位研究者可以自由选择归属于哪个研究群组，也可以成为其他感兴趣群组的准成员（associate member）。这就产生了群组之间的协同作用（synergy），加之本区域和大学内外的助力，共同推动着化学系的跨学科研究。

表 4.8　华威大学化学学科 RAE2001 研究群组名称及编码

研究群组编码	研究群组名称
A	合成化学（Synthetic Chemistry）
B	计算化学（Computational Chemistry）
C	测量学（Measurement Science）

　　资料来源：University of Warwick. UOA – 18 Chemistry. Research Groups［EB/OL］.（2002 – 05 – 24）［2010 – 01 – 12］. http：//www. rae. ac. uk/2001/submissions/Group. asp？route = 2&HESAInst = H – 0163&UoA = 18&Msub = Z.

　　在 RAE2001 评估周期内，合成化学群组共有学术人员 14 人，研究助手 24.3 人（其中 2 人是高级研究员），研究生 46.5 人（全时当量数，FTE）。该群组可以细分为生物有机化学（biological organic chemistry）、合成有机化学（synthetic organic chemistry）、金属有机化学（metallo – organic chemistry）等三个研究方向。计算化学群组有学术人员4人，研究助手8.25人，研究生4.84人（全时当量数，FTE）。该群组可以细分为凝相（condensed phase）和分子轨道计算（molecular orbital calculations）等两个研究方向。测量学群组有学术人员6人，研究助手12人（其中3人是高级研究员），研究生13人。该群组可以细分为物理化学（physical chemistry）和质谱学与化学物理学（mass spectrometry and chemical physics）等两个研究方向。（University of Warwick，2009c）

　　化学系人员之间的合作很频繁，并开展了大量国内外合作项目。学系拥有两个工程与物理学研究委员会（EPSRC）的交流网络，对跨学科研究提供支持，且很多教师参与了欧盟的科技合作计划（COST）项目。各研究群组举行了许多跨院系研讨会，华威大学也在RAE2001期间，设立了一项科学计算项目（项目经费为200万英镑）去支持计算化学群组的研究工作。化学系与工商业界、其他研究使用者和政府决策部门广泛合作，学系人员与很多大型的制药、石化、化学精炼企业建立了联系。

　　化学系的跨学科研究工作卓有成效，这得益于学系的非传统研究领域及与物理学、数学、统计学、工程学、生物科学等学科及华威国际园艺研究中心（HRI）和华威医学院等单位的通力合作。华威大学及外部资助的项目为这些合作研究提供了支持。在RAE2008评估周期内，华威获得了三个环境科学研究中心资助的博士训练中心（DTCs）项目，这在全英国大学中是最多的，化学系的教师参与了所有的项目。除了EPSRC的资助之外，最近又获得了一项生物科学与生物技术研究委员会的泛欧洲项目即SysMO资助，化学系教授Challis也参与其中。最近化学系在相关项目中心的直接支持下，与至少两个院系联合培养博士生。在区域层面，由于华威大学与伯明翰大学之间的联动，化学系与伯明翰大学自然科学学系将进行更亲密的合作。在欧洲范围内，大约25%的人员参加了研究训练计划（Research Training Networks）、早期训练计划（Early Stage Training Networks）和COST工作组（workgroups）。化学系的Erasmus合作伙伴带来了大约50位年轻的欧洲研究者，从事合成化学项目研究。化学系的教师和研究群组与英国和海外的大学开展了 300 多项合作，并且还与工商业界开展了项目研究。在 RAE2008 评估周期内，化学系与英国工商业界联合开展了 80 多项独立的合作项目，主要的合作伙伴包括 AstraZeneca、GSK、Syngenta、Unilever 等，另外还有一些 SMEs 项目。这些合作项目使得化学系向企业界进行了知识与技术转移。

3. 研究管理

事实上，早在 1992 年时化学系就面临着研究成果匮乏和本科生研究空间不足的双重困境。华威大学认为化学是一门花费巨大的学科，最关键的是要保证稳定的投入。于是，大学校方开始进行了一些零星调整，重组了学系的组织结构（HEFCE，2007）。

1996 年科研评估结果公布之后，华威大学校方成立了一个外部专家小组，对化学等评级不高的学科进行评估。当时华威大学听取了专家们的建议，决定把化学系保留下来，因为他们坚信化学学科能够生存下来（become viable），并一定能取得好成绩。同时，还因为华威大学预见到，不仅仅化学而且所有的学科对于任何科学与工程学科齐全的大学来说都是不可或缺的。华威大学从多方面对化学系进行了资助：①额外增加了两个教师岗位；②承担本科生研究实验室 50% 的整修费用；③保证皇家学会会员（Royal Society Fellows）的长期薪水。

1996 年科研评估之后，化学系也进行了一系列内部调整，制定了新的发展策略：①把发展的重点集中在优势和新兴化学研究领域，例如投入了 30 名成员从事质谱学研究；②采取的一项重要战略是开展跨学科研究，并经常得到大学的直接支持，例如，2001 年化学系联合数学、计算机科学、统计学、工程学、生物学、物理学等学系成立了科学计算中心（Centre for Scientific Computing）。

化学系鼓励所有的研究活跃型人员互相配合，推崇"整体学系"的理念，研究群组之间的划分并不是正式的。每周的全学系研讨会涉及所有的化学方向，并得到了所有研究群组的支持。大约每六周举行一次半日的专题研讨会。1997 年，Taylor、Rourke 等人发起的"华威催化作用"

（Warwick Catalysis）的系列年度国际会议（为期一天），已经发挥了积极作用，推动了团队精神的形成并提升了士气。

由化学系教授组成的指导委员会（Steering Committee）负责研究文化的构建与维持工作。该委员会半数以上教授的年龄都在 40 岁以下，充满了活力，对研究发挥了促进作用。指导委员会的明确政策是利用学系的资源去购买和维护研究设施。学系的实习场所和实验室实验员的水平不断提高。化学系聘用了一名研究主管（Research Officer），激励学术人员去申请科研资助，并在手续方面提供建议。华威大学于 RAE2001 评估周期内在科技园建立了风险投资基金（Warwick Ventures），鼓励学术人员申请专利并为之提供建议，推进知识产权的商业化。化学系刚建立了两个孵化公司。另外，学系还积极鼓励教师们利用学术休假。

化学系的管理组织是扁平化的（flat management structure），这对年轻学术人员相当有利。总体上，年轻学术人员在拓展研究兴趣和开展合作方面相当自由，这是学系成功的重要因素。化学系研究委员会（Department's Research Committee）负责研究的推进和管理事宜，其成员包括系主任任命的每个研究群组的负责人、学系研究联络部门的负责人（Research Link Officer），后者与大学的研究服务部门保持着沟通。各研究群组每月聚会，在研究委员会的月度会议上汇报研究情况。研究委员会主席是学系执行委员会的成员，向系主任提出建议。研究委员会的经费来自大学划拨给学系的拨款，主要用于添置新设备，但是也用于为年轻研究者提供新项目启动资金（pump-prime），支付他们的差旅费用。学系重点添置的设备由全系公开竞争决定，最终由研究委员会拍板。大部分预算分配给了新教师，知名研究者们要做出表率，去争取外部资助。每个研究群组的消费品支出是通过公式（formula）进行分配的，主要取决于群组的人员数量，该公式包括了试用期教师 50% 的额外补助。所有的博士生都可以获得培训与会议资助。华威大学设立了研究发展基金（Research Development Fund），为全体教师提供研究项目的启动经费，尤其是那些跨学科研究，每项申请最高可获得 5 万英镑资助。

　　化学系的讲座及研讨会活动相当丰富。一门英国皇家化学学会（RSC）讲座课程全年大约举行 24 场报告，邀请国际一流的海内外学者和工商业界人士出席。另外，还有两门独立的研讨课，由物理化学－化学物理学/材料学/计算和系统化学/生物化学群组主持，提供更加专业化的讲座，邀请国内外的顶级学者（例如 2006 年和 2007 年请来了诺贝尔奖获得者 Ertl、Crooks 和 Beak）。此外，化学系的教师还参加 MOAC、SB 和 CSC 的每周研讨会，邀请华威大学周边的著名学者来做报告，以加强跨学科联系。

　　在 2005—2006 学年，华威大学化学系接收了 85 名本科生，在2006—2007 学年，这一数字增长到 120，大幅度增加了约 50%，而且与前些年相比，录取学生的中学高级水平考试成绩（A - level scores）也提高了，平均分数约为 26 分。

　　4. 师资政策

　　在 RAE2001 和 RAE2008 评估周期内，化学系出台了一项长期的教师更替与发展战略，聘用了大量教师。RAE2001 提交的学术人员，1992 年前进入学系的有 5 人。1992—1996 年间加盟学系的有 11 人，其中 3 人（Haddleton、Unwin、Wills）已经晋升为教授。尽管学系的很多年轻学者在其他地方获得了教授职位，但是绝大多数仍然选择留在了华威大学。1992—2001 年间，只有一名学术人员调往其他学校任职（Heck 赴荷兰乌得勒支大学任教授）。

　　化学系的政策重点是甄别年轻的、优秀的学术人员，并将他们培育为明日之星。Challis 和 Macpherson 充分证明了该项政策的正确性，在RAE2001 时他们刚被聘用了 1—2 年，但是如今已成为国际一流的学者了。RAE2008 评估周期内加盟的年轻学者令学系倍感振奋。由于扩充很快，学系也从其他地方引进了国际一流的知名研究者，并获益匪浅，他们将对未来战略做出贡献，例如学系聘用的四位新教授。

　　（1）教师支持措施

　　化学系的学术人员，无论职称高低，都拥有相同的设施（根据需要，拥有宽敞的办公室和实验室）。华威大学鼓励学术人员提高研究水平，为他们提供充足的研究休假项目（每 7 学期可以申请 1 学期的学术休假）。除了学系的支持之外，华威大学也建立了研究发展基金（Research Development Fund）。大学的研究服务部门（Research Support Services）集中从事研究管理工作，并提出相应建议。化学系的研究联络主管（Research Link Officer）与学术人员通力合作，为后者寻觅研究机会，并提供成本方面的建议。华威大学研究生院（Graduate School）为博士生提供规范的训练与支持方案，帮助全体人员接受综合培训。知名学者有机会定期评估其研究得失，学系的研究委员会重视大型的跨群组合作及跨学科研究。

（2）针对年轻教师和新教师发展的措施

每位新学术人员都必须接受正规的入职培训（induction programme）。学系为每位新成员提供了实验室和充足的启动资金，用于购买专门设备。学系建立了指导系统（mentoring system），在试用期及其后，由高级学术人员对新教师进行鼓励，并提供反馈意见。学系的扁平化管理结构给人信心，且提倡平等，尤其是对非教授人员更是如此。新教师在试用期内的教学工作量远低于平均工作量，仅为满工作量的1/3。而且新教师的行政负担较轻，便于他们集中精力形成研究特色，同时也允许他们在学系管理中发挥作用。

华威大学出台了合同制研究人员事业发展协定，由教职员发展委员会（Staff Development Committee）进行监督，并投入大量经费为物理研究委员会的高级研究员和皇家协会的大学研究奖学金（URFs）及研究委员会的研究员提供固定职位（permanent posts）。以前聘用的研究员，Bon 和 Macpherson 在 RAE2001 期间晋升为讲师，在 RAE2008 期间已经获得了固定教职，Giannakopulos 在 RAE2001 期间被擢升为质谱学高级固定研究员（permanent Senior Research Fellowship）。这一切都表明了化学系为符合研究协定条件（research concordat requirements）的研究人员提供了职业发展路径。

5. 物质技术保障

（1）研究资助与收入

在 RAE2001 评估周期内，来自科技厅的研究委员会和工商业界的资助是外部科研收入的主体，资助额分别居于第一位和第二位。人均年度科研收入比 1994—1995 年度的约 4 万英镑增长了 1 倍，在 1999—2000 年度达到约 8.3 万英镑；1996—2001 年的科研评估周期内，研究支出超过了 870 万英镑。

在 RAE2008 评估周期内，来自科技厅的研究委员会、工商业界和欧盟政府部门的经费是外部科研收入的主体，资助额分别居于前三位，而研究委员会的资助额又是工商业界和欧盟政府部门总额的两倍多。化学系争取到 6 项独立的研究资助（从物理研究委员会和皇家学会竞争得到），获得者为 Blindauer、Fox、Stavros、Whitworth、Shipman 和 Mackenzie，另外，从 RAE2001 周期内顺延下来一项资助（获得者为 Macpherson）。化学系大约 1/3 的人员从 RSC 和其他渠道获得了独立资助（不包括带薪资助），很多人还获得了多项资助，这肯定了学系的研究成绩。化学系的收入出现上升趋势，年轻教师表现得尤其出色。近期所在地区和华威大学雄心勃勃的计划为化学系提供了空前的机遇。2006 年以来，华威大学为化学系启动了近 1100 万英镑的资助。政府将伯明翰市定位为科学城之后，"发挥西部内陆地区的优势"（Advantage West Midlands, AWM）这一地区发展机构承诺提供大量资助，将华威大学和伯明翰大学的核心科学与技术学科建设成为世界一流，华威大学化学系将从中获益良多。

在 2008 年科研评估周期内，年度平均研究支出为 225 万英镑，而 2001 年科研评估周期内只有 175 万英镑；研究委员会的支出提高了约 75%，从 2000—2001 学年的 105 万英镑（部分）增长到了 2006—2007 学年的 186 万英镑。化学系从 AWM 项目中获益良多，华威大学已经为氢能源项目（Hydrogen－Energy）筹集了 260 万英镑，学系的很多研究人员都做出了贡献，而且化学和物理学学科的大量后续设备资助有望到位。

化学系的学生从多种渠道获得支持，包括物理研究委员会、生物科学与生物技术研究委员会的项目资助，以及工商业界等的资助。学系的化学专业与工商业界设立了大量的博士生合作项目。博士生训练账户（DTA）资助每年分两轮向学术人员分配，研究者们向委员会进行陈述，由后者做出判断。该委员会由研究委员会和研究生委员会的学术人员组成。近年来，优先向学系的年轻教师和新教师倾斜，他们任职的前两年只带 1—2 名博士生。

（2）研究奖学金

在 RAE2001 评估周期内，来自科技厅研究委员会的研究奖学金是奖学金的主体，其奖学金总数居于第一位。

在 RAE2008 期间，来自科技厅的研究委员会和院校自筹的研究奖学金是奖学金的主体，数额分别居于第一和第二位，二者总数约占奖学金总数的 80%（142/184）。华威大学设立了一项奖学金，每年为来自海内外的 35—50 名优秀博士生提供全额资助。另外，华威大学还参与了海外研究生奖学金项目（ORS scheme），化学系有义务为获得此项资助的化学专业学生提供配套支持。

（3）研究设施

1995—2001 年间，化学系的物理规模得以扩大（扩充了约 25%，研究建筑面积达到 4000 平方米，所占楼层超过了 6 层，从以前的一小块区域扩展到了附近大片地区）。所有的研究活动（和本科生实践课）都是在设施优良的实验室内完成的。1997—2000 年间，化学系对实验室进行了改造，现拥有 14 个设施优良的综合研究实验室，且实验仪器齐全。每个实验室配备了 8 名研究员，他们每人拥有两米的通风橱、桌椅及独立的办公场所。学系为专门实验室添置了高性能的计算机设备。同时，实验仪器的质量也大幅提高了。总之，化学系在 2001 年科研评估周期内，将所有的实验室和办公场所都进行了更新换代。

在 2008 年科研评估周期内，教师人数不断上升，华威大学为化学系额外提供了装修过的研究场所，在 2001 年 1 月至 2007 年 1 月间，额外增加了 500 平方米。研究场所委员会（Department's Space Committee）的主席由系主任任命的教授担任，与系主任一道决定办公场所的分配。所有人员包括博士生，在公有的办公室都拥有办公桌、储物室和电脑，可以直接获得图书馆和网络资源。华威大学定购了 ACS、RSC 的全套期刊和商业出版物，还购买了 Scifinder 和 Crossfire 等数据库。化学系还从华威大学校方获得了大量的馆际互借经费。

所有的服务经费（核磁共振、质谱分析、X 光结晶学、光谱学、显微镜法、高精确计算、冷冻室等）都由大学与学系的逐层分配法（top - slicing）和外部竞争性研究资助来分配。化学系的公有设施及学系可使用的其他大学设施都得到很大改善，例如新的高分辨率的（high resolution）和高磁场的（high field）大型频谱仪于 2008 年年中在化学系落户，它在华威大学新的质谱分析研究中心发挥了主导作用（与生物学和医学共同设立）。

（二）研究者的维度

1. 研究活跃型教师

1992—1996 年间，华威大学化学系增加了 11 位新成员；1996—2000 年，增加了 8 位人员，占 RAE2001 提交人数的 1/3。化学学科提交参与 1996 年科研评估的研究活跃型 A 类人员的全时当量数（FTE）是 25.0（见表 4.9）；2001 年科研评估的研究活跃型 A 类和 A* 类人员的全时当量数（FTE）是 24.00，研究助手的全时当量数是 44.55，研究生的全时当量数是 64.34（见表 4.10）；2008 年科研评估的研究活跃型 A 类人员的全时当量数（FTE）是 32.80，研究助手的全时当量数是 34.00，研究员的全时当量数是 2.60（见表 4.11）。

表 4.9　华威大学化学学科 RAE1996 研究人员概况

1996 年科研评级	3a
提交学术人员的比例所属类型	A
研究活跃型 A 类人员的全时当量数（FTE）	25.0
研究助手的全时当量数（FTE）	
研究生的全时当量数（FTE）	

表4.10 华威大学化学学科 RAE2001 研究人员概况

2001 年科研评级	5
提交学术人员的比例所属类型	A
研究活跃型 A 类和 A* 类人员的全时当量数（FTE）	24.00
研究助手的全时当量数（FTE）	44.55
研究生的全时当量数（FTE）	64.34

资料来源：University of Warwick. UOA – 18 Chemistry. Summary of submission ［EB/ OL］. （2003 – 10 – 17）［2010 – 01 – 12］. http：//www. rae. ac. uk/2001/submissions/ Form. asp？ Route = 2&HESAInst = H – 0163&UoA = 18&MSub = Z.

表4.11 华威大学化学学科 RAE2008 研究人员概况

研究活跃型 A 类人员的全时当量数（FTE）	32.80
提交评估的 C 类人员总数（人）	0
研究员的全时当量数（FTE）（RA1）	2.60
研究助手的全时当量数（FTE）（RA0）	34.00

资料来源：University of Warwick. UOA – 18 Chemistry. Summary ［EB/OL］. （2009 – 04 – 30）［2010 – 01 – 10］. http：//www. rae. ac. uk/submissions/submission. aspx？ id = 173&type = hei&subid = 2085.

在 2008 年科研评估中，华威大学化学学科（Chemistry，UoA18）的研究活跃型 A 类人员的全时工作当量数（FTE）是 32.80，研究活跃型 A 类人员总数是 34 人，B 类 6 人，研究助手全时工作当量数（FTE）是 34.00，技术员全时当量数（FTE）是 14.21，其他辅助人员全时当量数（FTE）是 1.65。而研究活跃型 A 类人员的全时工作当量数及总数排名第一位的是商业与管理研究（Business and Management Studies，UoA36），该学科的研究活跃型 A 类人员的全时工作当量数（FTE）是 130.70，研究活跃型 A 类人员总数是 136 人（见表 4.12）。从 RAE2008 的科研评级来看，化学学科非常优秀，提交的科研成果 100% 获得了国际认可；而且从研究活跃型人数来看，化学学科在华威大学居于中游。因此，化学学科比较有代表性和说服力。

表 4.12　华威大学化学学科 RAE2008 全体人员概况（RA0）（与 UoA36 对比）

评估单位	A 类人员总数（人）	A 类人员全时当量数（FTE）	B 类人员总数（人）	C 类人员总数	D 类人员总数	研究助手全时当量数（FTE）	技术员全时当量数（FTE）	其他辅助人员全时当量数（FTE）
18	34	32.80	6	0	0	34.00	14.21	1.65
36	136	130.70	14	0	0	19.05	0.00	15.28

资料来源：University of Warwick. UOA – 18 Chemistry. RA0：Overall staff summary ［EB/OL］.（2009 – 04 – 30）［2010 – 01 – 10］. http：//www. rae. ac. uk/submissions/ra0. aspx？ id = 173&type = hei&subid = 2.

在 RAE2008 评估周期内，华威大学坚定地支持化学系，并战略性地聘用了不同层次的人才：4 名新教授（Jones、Sadler、Shipman、Taylor），6 名新教师（Costantini、Dixon、Lochner、Turner、Walsh、Walton），2 位英国研究委员会纳米科学分会会员（Dove、Troisi）（University of Warwick，2009c）。化学系参加科研评估的人数增加了，很多人都晋升了职称，其中有 6 人晋升为教授（Personal Chairs），他们是 Challis、Jenkins、Macpherson、Rodger、Rodger、Scott。化学系也不断补充新人才，充满了朝气，目前全时工作人员的平均年龄是 40 岁，其中 40 岁及以下的比例是 40%。博士后研究员和高级研究员的全时当量数（FTE）从 1995 年时的约 25 增长到了 2000 年时的 44.55。20 世纪 90 年代早期聘用的新学术人员，现已成长为各研究群组的知名学者。另外，在 2008 年科研评估周期内，学术人员获得了 45 项专利，为工商业界提供了许多课程，还与工商业界合作开展研究项目，包括全额资助教师和学生。

由此可见，尽管从 1996 年科研评估至 2008 年科研评估，研究活跃型教师的范围由 A 类变为 A 类和 A* 类，后又缩小为仅包括 A 类教师，但是笔者仍然可以从中发现华威大学化学学科清晰的教师数目变化轨迹。在三次科研评估的 12 年间，化学学科的研究活跃型教师全时当量数（FTE）从 25.0（RAE1996）到 24.00（RAE2001）再到 32.80（RAE2008），其中 RAE2008 比 RAE2001 增长了 8.80。而研究助手的全时当量数（FTE）则从 44.55（RAE2001）下降至 34.00（RAE2008），总数有所减少。

如果再观察一下华威大学化学学科在近三次科研评估中的评估成绩即可发现，该学科的科研评级从 RAE1996 的 3a 大幅跃升到了 RAE2001 的 5 级，而且提交的学术人员的比例所属类型不变，都是 A。可见，RAE2001 与 RAE1996 相比，化学学科的研究活跃型教师的比例都是最高，而全时当量数（FTE）还减少了 1.0。由此我们可以判断出，华威大学化学学科在 2001 年科研评估中成绩上扬的主要原因不是研究活跃型教师的数量增长，而最可能是研究成果数量的增加和质量的提高，也就是说是知识的维度发挥了最重要的作用，从而排除了以"人海战术"取胜的可能。

另外，由表 4.13 可知，华威大学化学学科在 RAE2001 中，被选择作为研究活跃型 A 类人员参与评估的全职教师全时当量数（FTE）为 24.00，并未被选择作为研究活跃型 A 类人员参加评估的全职教师全时当量数（FTE）为 1.00。

表 4.13 华威大学化学学科 RAE2001 全体人员概况（RA0）

评估单位	联合提交	A 类人员全时当量数（FTE）		在职的 A* 类人员全时当量数（FTE）		离职的 A* 类人员全时当量数（FTE）		博士后研究员全时当量数（FTE）	研究生研究助手全时当量数（FTE）	技术员全时当量数（FTE）	科技管理人员全时当量数（FTE）	实验管理员全时当量数（FTE）	其他研究辅助人员全时当量数（FTE）
		选择的	未选择的	选择的	未选择的	选择的	未选择的						
18		24.00	1.00	0.00	0.00	0.00	0.00	42.55	2.00	13.65	0.00	0.00	2.00

资料来源：University of Warwick. UOA–18 Chemistry. RA0：Staff summary [EB/OL]. (2003–10–17)［2010–01–12］. http：//www. rae. ac. uk/2001/submissions/RA0. asp? route=2&HESAInst=H–0163&UoA=18&Msub=Z.

2. 研究生

华威大学化学学科 RAE2001 的研究生数及研究生学位授予数如表 4.14 所示，在 RAE2008 评估周期内，化学系每年大约毕业 20 名博士生，研究生的全时当量数（FTE）从 2001 年时的 53.50 增长到了 2007 年时的 86.60（见表 4.15）。由此可见，化学学科在近两次科研评估期间，研究生的全时当量数变化不大，个别年份甚至出现了小幅下降。

表 4.14　华威大学化学学科 RAE2001 的研究生数及研究生学位授予数

年份	全时总人数（人）	在职总人数（人）	全时当量总数（FTE）	所授硕士学位数（个）	所授博士学位数（个）
1996	76.00	3.00	78.00	0.00	16.00
1997	75.00	2.00	76.25	5.00	17.00
1998	85.00	2.00	86.25	4.00	21.00
1999	85.00	1.00	85.75	5.00	21.00
2000	66.00	3.00	68.00	3.00	24.00

资料来源：University of Warwick. UOA – 18 Chemistry. RA3a：Research student details［EB/OL］.（2009 – 04 – 30）［2010 – 01 – 12］. http：//www. rae. ac. uk/2001/submissions/RA3a. asp？route = 2&HESAInst = H – 0163& UoA = 18&Msub = Z.

表 4.15　华威大学化学学科 RAE2008 的研究生数及研究生学位授予数

年份	全时总人数（人）	在职总人数（人）	全时当量总数（FTE）	所授硕士学位数（个）	所授博士学位数（个）
2001	51.00	6.00	53.50	2.00	22.00
2002	54.00	2.00	54.85	2.00	30.00
2003	66.00	1.00	66.50	4.00	16.00
2004	72.00	3.00	72.95	1.00	16.00
2005	78.00	3.00	78.93	1.00	14.00
2006	69.50	3.00	71.00	1.00	27.00

续表

年份	全时总人数（人）	在职总人数（人）	全时当量总数（FTE）	所授硕士学位数（个）	所授博士学位数（个）
2007	85.00	3.00	86.60	1.00	16.00
总计	475.50	21.00	484.33	12.00	141.00

资料来源：University of Warwick. UOA – 18 Chemistry. RA3a：Research students ［EB/OL］.（2009 – 04 – 30）［2010 – 01 – 10］. http：//www. rae. ac. uk/submissions/ra3a. aspx？id = 18&type = uoa&subid = 2085.

（三）知识的维度

华威大学化学学科的科研成果的产出者主要是研究活跃型教师，所以从这个意义上来说，知识的维度和研究者的维度存在交叠的地方。

1996—2000 年间，化学系的研究活跃型 A 类人员发表的同行评议研究论文约 430 篇。2001 年科研评估之后，华威大学化学系继续发展，研究型人员数增长了约 40%，这在发表的成果上反映了出来，并且现在所有人员都积极参与科研工作。

通过对比华威大学化学学科 2001 年和 2008 年科研评估中的研究活跃型教师发表的学术成果，笔者发现，化学学科的研究成果逐渐增加。这是华威大学化学学科在近三次科研评估中成绩不断上升的主要原因之一。

三、华威大学化学学科科研评估案例小结

根据对华威大学化学学科近三次特别是近两次科研评估材料的文本解读，笔者得出如下结论：与纽卡斯尔大学英语语言与文学学科类似，华威大学化学学科在 2001 年科研评估中成绩上扬的主要原因也不是研究活跃型教师的数量增长，而是研究成果数量的增加和质量的提高，即也是知识的维度发挥了最重要的作用。当然，这两个学科组织也同时采用了隐蔽的"算计路径"策略，即通过引进高水平的研究人员来提高整体的研究实力，并重组了学科的研究组织，从而达到了提高科研评级的

目的。

本书认为，将英国一流大学学科的科研评估材料重新划分为知识、组织和研究者等三个维度，可以较好地考察英国科研评估制度对大学学科发展的具体影响。具体到纽卡斯尔大学英语语言与文学学科和华威大学化学学科的案例来说，科研评估原本是要评估原创性的科研成果，而这两个学科则是通过增加科研成果的数量与提高科研成果的质量来提高科研评级的。也就是说，英国科研评估制度是否达到了鼓励原创性科学研究的目的，还需要接下来通过案例研究进一步探究。在这两个案例中，笔者发现，科研评估对大学学科的影响是并未鼓励粗放型的规模扩张和教师数目的盲目增长。

小　结

本章对两所英国一流大学两个学科的科研评估情况进行了案例研究。为了便于对这些学科的科研评估材料进行分析，并且提炼出带有规律性的结论来，本书将科研评估指标体系的三大指标重新划分为知识、组织和研究者三个维度。通过将纽卡斯尔大学英语语言与文学学科和华威大学化学学科 2001 年和 2008 年（必要时涉及了 1996 年）的科研评估材料按照上述三个维度进行重新整合，笔者得出的一些初步结论是：英语语言与文学学科和化学学科在 2001 年科研评估中评级提高的主要原因不是研究活跃型教师的数量增长，而是研究成果数量的增加和质量的提高，也就是说知识的维度发挥了最重要的作用，从而排除了以"人海战术"取胜的可能。

第五章　英国大学学科科研评估案例(下)

——曼彻斯特大学生物科学学科

　　曼彻斯特大学是一所门类齐全、科系众多的综合性、研究型大学，位于曼彻斯特市中心。其前身是建于 1851 年的欧文斯学院，1880 年升格为曼彻斯特维多利亚大学，1903 年被正式命名为曼彻斯特大学。2004 年 10 月 22 日，曼彻斯特维多利亚大学（Victoria University of Manchester，VUM）与曼彻斯特理工大学（University of Manchester Institute of Science & Technology，UMIST）合并，组建成为新的曼彻斯特大学（University of Manchester，UoM）。目前曼彻斯特大学已经成为全英国最大的单校区大学，年度预算超过 6.2 亿英镑，教职员工 11000 多人，其中很多是享誉世界的著名科学家。学生 35000 多人，分别来自英国及世界其他国家和地区，其中包括来自海外 120 个国家和地区的 2500 名学生。曼彻斯特大学下设四大学部（faculty），即工程与自然科学学部、人文学部、生物科学学部和医学与人类科学学部，共有 25 个院系。曼彻斯特大学几乎在所有学科都有可敬的声望，其中尤以生命科学、工程、人文、经济学、社会学、社会科学为最（University of Manchester，2009a）。

　　曼彻斯特是英国最大的大学之一，是英国第一所城市大学；拥有先进的教学设施，完善的研究和实验设备。其约翰·赖兰斯大学图书馆（JRUL）是全英国第三大图书馆，藏有 350 多万册书籍和期刊。曼彻斯特大学具有历史悠久的、出色的研究和教学，师生们为塑造现代社会做出了贡献。20 世纪很多关键的科学技术研究成果出自这里，如飞机发动机的研制，以及世界上第一台计算机的发明等。创新和卓越是曼彻斯特大学研究工作的基础，其出色程度在 2001 年科研评估中得到了充分证明：46 个项目中的 37 个获得了 5 级和最高的 5* 级，其科研工作达到了世界先进水平。这里至 2007 年共诞生了 23 位诺贝尔奖获得者，众多知名校友使得大学声誉更上一个台阶。2005 年，曼彻斯特大学获得英国《泰晤士报高等教育副刊》"年度大学奖"。在 2008 年 12 月 18 日公布的英国 RAE2008 研究排名中，曼彻斯特大学打破了牛津、剑桥和伦敦的金三角规律圈，已经跻身全英研究实力前四强，仅次于剑桥、牛津，与帝国理工、伦敦大学学院（UCL）并肩。在 2009 年英国《泰晤士报高等教育副刊》的世界大学排名中，合并后的曼彻斯特大学排名第 29 位；在所有英国大学中仅次于剑桥大学、牛津大学、伦敦大学和爱丁堡大学（University of Manchester，2010a）。

第一节 曼彻斯特大学生物科学学科科研评估案例

由于 2004 年曼彻斯特维多利亚大学与曼彻斯特理工大学合并，所以曼彻斯特大学生物科学学科 2001 年科研评估和 2008 年科研评估是两所大学各自独立进行的。下面分别介绍曼彻斯特维多利亚大学和曼彻斯特理工大学生物科学学科 2001 年和 2008 年科研评估的情况。

曼彻斯特大学生物科学学院（Faculty of Life Sciences）是欧洲最大的拥有单一生命科学学系的学院。2004 年，生物科学学院由曼彻斯特维多利亚大学生物科学学院（RAE2001 评级为最高的 5* 级）、科技与医学史研究中心（RAE2001 评级为 5 级）与曼彻斯特理工大学分子生物学（RAE2001 评级为 5 级）和视觉、神经系统科学（RAE2001 评级为最高的 5* 级）学系合并而成，真可谓强强联合。新的生物科学学院的弹性机构有利于形成新的研究群组，并鼓励交互作用，发挥辅助设施的最优效益,且增进研究者之间的交流。在 RAE2008 中,生物科学(Biological Sciences,UoA 14)的评级在全英国 52 个参评单位中排名第三,临床前及人类生物学(Preclinical & Human Biological Sciences,UoA 15)在全英国 13 个参评单位中排名第二(University of Manchester,2010b);其生物科学学科 65% 的研究成果被评为国际优秀或世界领先(见表 5.1)。

表 5.1 曼彻斯特大学生物科学学科 RAE2008 质量概评

提交申请的科研活动达到标准等级的百分比(%)				
4*	3*	2*	1*	没有等级
25	40	30	5	0

资料来源:University of Manchester. Quality profile [EB/OL]. (2009 - 04 - 30) [2010 - 01 - 20]. http://www. rae. ac. uk/submissions/submission. aspx? id = 14&type = uoa&subid = 3235.

生物科学学院现有教师 292 人。在 RAE2008 评估周期内(2001.1—2007.10),生物科学学院的教职员工总数增长了 45%(在职人员数由 RAE2001 时的 165 人增至 240 人)。其中,109 名教师属于生物科学(UoA14),研究活跃型 A 类人员总数是 108 人,位居全校第二位,其余大部分教师属于临床前及人类生物学(UoA15)。学院现有学生 2245 人,其中本科生约 1900 人,研究生 345 人(University of Manchester,2010b)。

一、曼彻斯特理工大学生物科学学科科研评估材料分析①

(一)组织的维度

1. 研究战略

分子生物学系战略的关键之处在于,在曼彻斯特理工大学"生物科学规划"的指导下,实现学系的研究计划。除了需要完善研究设施及增

———————

① 由于大学合并,所以曼彻斯特理工大学生物科学学科的科研评估材料只有 1996 年和 2001 年两次的。

加研究空间，学系还期望专门建造一个跨学科生物科学研究中心，以便能够满足用跨学科研究法去解决大量生物学难题的要求。该工程需要2800万英镑，惠康基金会（The Wellcome Trust）已经资助了1500万英镑。该中心将建设成为国际著名的生物科学跨学科研究机构。分子生物学系、测量与分析科学系（DIAS）以及化学系的生物化学学科，都将入驻该中心，另外中心还会接纳其他院系的一些研究群组，例如物理学、算学和电机工程/电子学等。

2. 研究组织

在 RAE2001 评估周期内，曼彻斯特理工大学分子生物学系（Department of Biomolecular Sciences，DBS）的 5 个研究群组并未进行正式的划分，他们是兴趣相近、互相鼎力支持的学术群体，具有交叉学科的所有优势（见表 5.2）。学系研究室主任（Research Director，JEGM）管理所有的研究活动，他也是由 5 个研究群组的代表组成的研究委员会（Research Committee）的主席。学系的组织形式有利于互相合作、思想交流及研究战略的探讨，相关管理人员会将研究机会告诉学术人员，同时在研究管理和资助申请等事宜上给予支持，提出建议。

表 5.2　曼彻斯特理工大学生物科学学科 RAE2001 研究群组名称及编码

研究群组编码	研究群组名称
A	细胞/发生生物学（Cell/Developmental Biology）
B	基因表达/RNA（Gene Expression/RNA）
C	基因组分析/生物信息学（Genome Analysis/Bioinformatics）
D	大细胞结构及其功能（Macromolecular Structure and Function）
E	分子微生物学（Molecular Microbiology）

资料来源：The University of Manchester Institute of Science &Technology. Research groups［EB/OL］.（2002 - 05 - 24）［2010 - 01 - 20］. http：//www. rae. ac. uk/2001/submissions/Group. asp? route = 2&HESAInst = H - 0165&UoA = 14&Msub = Z.

分子生物学系利用生物物理学、化学、计算、遗传学、分子/细胞生物学等学科的方法去研究大量的实验系统。学系尤其侧重分子分析和跨学科研究。在 2001 年科研评估周期内，学系在研究组织、资助与产出及具有国际影响力的教师比例等指标方面都进步很大。为了扩大研究范围、使各方面研究实力更加平衡，并与曼彻斯特理工大学生物科学的更远大愿景（vision）相适应，分子生物学系对专业（programme）进行了大规模的重组。该愿景是由 1997 年确立的"生物科学规划"（Life Science Initiative, LSI）所描绘出来的。最初，在由国际知名的科学顾问组成的外部委员会的指导下，"生物科学规划"决定设立跨学科的生物科学投资项目。分子生物学系的扩张表现在加大参与跨学科顶尖研究项目的力度，其中很多项目都是与曼彻斯特理工大学的其他院系合作进行的，例如化学、物理学、计算、电机工程/电子学以及测量与分析科学等院系。这种特色战略反映了曼彻斯特理工大学雄厚的传统优势，并也是以其为基础的（The University of Manchester Institute of Science & Technology, 2003e）。

3. 研究管理

在 RAE2001 评估周期内，曼彻斯特理工大学分子生物学系为研究生提供了催人奋进的、支持性的氛围，研究生将得到优秀的训练，并获得充分发挥潜能的机会。在 1999—2001 年间，学系的全部研究生都被提交参与了评估。研究生指导老师（postgraduate tutor, CG）与研究生招生负责人（postgraduate admissions officer, FH）和研究生招生秘书（postgraduate admissions secretary）每天为研究生提供支持与训练课程。这些人组成了研究生训练委员会，该委员会由一位教授（JEGM）任主席，他严格指导研究生的发展，为研究生提供实验室/项目管理方面的训练，锻炼他们的可迁移技能（包括年度发展研讨会），讲解大量设施的使用方法（详见研究设施、设备部分内容）。所有的研究群组每周都定期开会。分子生物学系为研究生提供了专门的计算机机房，内有许多计算机和学习区域。

4. 师资政策

在 RAE2001 评估周期内，曼彻斯特理工大学分子生物学系为年轻学术人员和研究员开展了大规模的培训，提供了大量的支持项目。无论是对个人职业发展，还是对学系在快速发展时成功发挥其职能来说，学系都对培训和支持工作格外重视。分子生物学系的支持项目与大学的培训和支持方案并行不悖。在讲师和研究员事业刚起步时，学系采用一套精心组织的方法对他们进行指导，直到讲师晋升为高级讲师为止。在这套方法中，每个新教师都被配备了一位高级指导者（senior supervisor）和一位高级顾问（senior advisor）。前者与新教师讨论职业发展、年轻学术人员的培训及承担的职责，并从整个职业发展的角度为新教师确立合适的目标；后者帮助年轻学术人员实现其职业规划与目标，并竭力发现他们职业生涯早期阶段的焦虑或烦恼，然后尽力为其排解。同时，学系为使学术人员对研究投入尽可能多的时间，不断减轻他们的管理和教学负担。学系成立的教学管理部门几乎彻底解除了学术人员与教学相关的管理职责，该部门是由本科生主任、教学主管、本科生入学辅导员和本科生招生负责人组成的。此外，2002 年教师们的教学面授时间（contact hours）降低到每年平均 45 小时，且以后还会继续下降。学系聘用了一名全职学术主管（Dr. J. Platt），此举也减轻了学术人员其他方面的管理负担。通过大学开设的课程和分子生物学系设立的支持项目（由学系代表负责管理，GC），短期合同制的博士后研究人员获得了职业方面的建议和支持。

5. 物质技术保障

研究资助与收入。在 RAE2001 评估周期内，来自院校自筹和科技厅研究委员会的研究奖学金是曼彻斯特理工大学生物科学学科所获奖学金的主体。来自科技厅研究委员会和慈善组织的经费是外部科研收入的主体，二者交替居于第一位（The University of Manchester Institute of Science &Technology，2003c）。

（二）研究者的维度

1. 研究活跃型教师

在 1996 年科研评估中，曼彻斯特理工大学提交的研究活跃型 A 类人员的全时当量数（FTE）是 21.0（见表 5.3）。1996—2001 年，分子生物学系的全时工作学术人员从 21 人增加到了 35 人，临时性讲师增加了 3 人，研究群组由 3 个增至 5 个。学系在 RAE2001 时有 5 位教授（professor）、1 位准教授（reader）、9 位高级讲师（senior lecturer）、20 位讲师（lecturer）。2 名新教师（Thomas – Oates 和 Wolkenhauer）是与其他院系共同聘用的，他们在 RAE2001 中是由化学系和电机工程/电子学系联合提交参与评估的。3 位教师调到了其他学校，1 人调到了其他院系，2 人退休。在 2001 年科研评估中，曼彻斯特理工大学分子生物学系提交的研究活跃型 A 类和 A* 类人员的全时当量数（FTE）是 33.00，研究助手的全时当量数是 45.50，研究生的全时当量数是 67.50（见表 5.4）。

表 5.3　曼彻斯特理工大学生物科学学科 RAE1996 研究人员概况

1996 年科研评级	5
提交学术人员的比例所属类型	A
研究活跃型 A 类人员的全时当量数（FTE）	21.0
研究助手的全时当量数（FTE）	
研究生的全时当量数（FTE）	

表 5.4　曼彻斯特理工大学生物科学学科 RAE2001 研究人员概况

2001 年科研评级	5
提交学术人员的比例所属类型	A
研究活跃型 A 类和 A* 类人员的全时当量数（FTE）	33.00
研究助手的全时当量数（FTE）	45.50
研究生的全时当量数（FTE）	67.50

资料来源：The University of Manchester Institute of Science &Technology. Summary of submission［EB/OL］.（2003 – 10 – 17）［2010 – 01 – 20］. http：//www. rae. ac. uk/2001/submissions/Form. asp? Route = 2&HESAInst = H – 0165&UoA = 14&MSub = Z.

可见，尽管从1996年科研评估至2001年科研评估，研究活跃型教师的范围由A类转变为包括A类和A*类教师，但是笔者仍然可以从中发现曼彻斯特理工大学生物科学学科清晰的教师数目变化轨迹。在这两次科研评估的五年间，生物科学学科的研究活跃型教师全时当量数（FTE）从21.0（RAE1996）提升至33.00（RAE2001），增长了12.00。而生物科学学科RAE2001与RAE1996的科研评级相同，都是5级，并且提交学术人员的比例所属的类型也都是A型。

另外，在RAE2001中，曼彻斯特理工大学生物科学学科将全部全职教师都作为研究活跃型人员提交参与了科研评估，并没像有些批评者所指出的，为了提高科研评估成绩，而不让部分全职教师参与评估（见表5.5）。

表5.5　曼彻斯特理工大学生物科学学科 RAE2001 全体人员概况（RA0）

评估单位	联合提交	A类人员全时当量数 (FTE)		在职的A*类人员全时当量数 (FTE)		离职的A*类人员全时当量数 (FTE)		博士后研究助手全时当量数 (FTE)	研究生研究助手全时当量数 (FTE)	技术员全时当量数 (FTE)	科管理人员全时当量数 (FTE)	实验管理员全时当量数 (FTE)	其他研究辅助人员全时当量数 (FTE)
		选择的	未选择的	选择的	未选择的	选择的	未选择的						
14		31.00	0.00	2.00	0.00	0.00	0.00	36.50	10.00	21.30	0.00	4.93	2.50

资料来源：The University of Manchester Institute of Science & Technology. RA0：Staff summary［EB/OL］.（2003 – 10 – 17）［2010 – 01 – 20］. http：//www. rae. ac. uk/2001/submissions/RA0. asp? route = 2&HESAInst = H – 0165&UoA = 14&Msub = Z.

2. 研究员

1996—2001年，分子生物学系聘用了6名研究员，其中5人是专任

（full-time，tenure-track）学术人员。生物科学新大楼将解决研究空间问题，学系打算今后几年大幅度增加研究员数量。同时，分子生物学系的博士后数量持续增长，2000 年底达到 44 人，这得益于学系研究收入的增加。

3. 研究生

在 RAE2001 评估周期内，曼彻斯特理工大学生物科学学科每年的研究生数及研究生学位授予数，呈现总体缓慢增长态势（见表 5.6）。

表 5.6　曼彻斯特理工大学生物科学学科 RAE2001 的研究生数及研究生学位授予数

年份	全时总人数（人）	在职总人数（人）	全时当量总数（FTE）	所授硕士学位数（个）	所授博士学位数（个）
1996	48.00	3.00	49.50	11.00	40.00
1997	49.00	3.00	50.50	8.00	44.00
1998	45.00	2.00	46.00	10.00	37.00
1999	53.00	3.00	54.50	9.00	47.00
2000	56.00	6.00	59.00	18.00	44.00

资料来源：The University of Manchester Institute of Science &Technology. RA3a：Research student details［EB/OL］.（2003 – 10 – 17）［2010 – 01 – 20］. http：//www. rae. ac. uk/2001/submissions/RA3a. asp？route = 2&HESAInst = H – 0165&UoA = 14&Msub = Z.

（三）知识的维度

在 2001 年科研评估周期内，曼彻斯特理工大学分子生物学系发表了 344 篇研究成果，其中很多都是在引用率最高的国际期刊上发表的。由此可以看出，知识的维度在曼彻斯特理工大学生物科学学科的科研评级提高方面发挥了关键的作用。

可见，在曼彻斯特理工大学生物科学学科的案例中，该学科在 2001 年科研评估中继续保持成绩优秀的原因是增加了科研成果和研究活跃型教师的数量，并提高科研成果的质量。也就是说，知识和研究者两个维度同时在生物科学学科的案例中发挥了关键的作用。科研评估对生物科学学科的影响是不仅提升了内涵而且也扩大了规模。

二、曼彻斯特维多利亚大学生物科学学科科研评估材料分析

本部分 2001 年科研评估的材料是由曼彻斯特维多利亚大学提交的，而 2008 年的材料则是由合并后的曼彻斯特大学提交的。

（一）组织的维度

1. 研究战略

在 RAE2001 评估周期内，曼彻斯特维多利亚大学生物科学学院认为，通过目标明确地聘用教师（targeted recruitment）、资助研究群组（investment into groupings）、支持卓越的研究者及研究项目，已经实现了在生物学关键领域追求卓越的目标。在此期间，所有 68 位学术人员都与国外顶级研究者合作发表了论文，66 位教师（除去两位行将退休的教师之外）中的 65 人都至少指导了 1 名博士生。

在 RAE2008 评估周期内，曼彻斯特大学生物科学学院的目标是在未来十年内成为世界上最好的生物研究学院之一，学院的策略主要包括三部分：第一，任命最好的研究人员，并激励他们发挥最大的潜能；第二，让研究者搬入新的大楼里，便于互相交流和应用关键技术；第三，发表高质量的研究成果。

学院 RAE2001 时所设定的目标都已经实现了，未来的主要目标如下：①师资政策。虽然生物科学学院已经达到了适当的规模，今后的增速将放缓，但仍将继续引进重要战略领域的人才，例如进化遗传学和癌症研究。进一步招聘的研究员要在任务明确的候选者中产生。同时，学院将继续重点聘用更多的各层次高质量人才，并且将采取措施进一步平衡性别结构。②学院结构。2008 年曼彻斯特大学正在进行彻底的教学与学生体验评估，后续还将进行同样的研究评估。这些评估结果或许将引起组织变化，学院期望进一步完善研究群组结构。③研究拓展。学院注重在重点层面开展合作，例如光子科学、纳米工程学、神经系统科学、英国

卫生署基金（NHS Trusts）等。新引进的 Sulston 领导了一个新的科学、伦理与创新研究所，这将推动生物伦理学的发展。学院将通过鼓励团队协作、对教师持续指导，产出高质量的研究成果，并将加大 Mike Grant 所开创的特殊咨询工作的力度。④建筑物。在毗邻生科院、东端的 Stopford 大楼装修之后，教师们将获得重新分配的新空间。今后还要采取措施加强教师之间的交流和融合。⑤设施。学院将鼓励核心设施的技术创新，确保持续的财政投资，整合所有设施从而发挥出最大效用，同时征询学术人员在技术需求等方面的建议。⑥工商业界。学院将继续拓展目前的研究设想，与 pharma 签署战略性协议。为加强与工商业界的联系，曼彻斯特大学将通过 Gordon 会议等形式加强双方的沟通，同时还会联合资助研究员。研究群组将注重成果的转化以获取收益。⑦研究生。学院将通过增招海外留学生来扩招研究生，并把博士生的培养年限定为四年。2008 年职前培训实验室（bespoke training lab）开放之后，研究生与继续职业技能训练将会进一步加强。

2. 研究组织

1993 年，为了推进跨学科研究及改善研究的基础设施，曼彻斯特维多利亚大学生物科学学院整合为一个单一的学系。

在 RAE2001 评估周期内，本科生院和研究生院负责生物科学学院的教学和研究工作，它们得到了管理部门的支持。当时的公共设备包括：温室/受控环境室/转基因植物实验设备等。1996—2001 年，学院获得了38 项研究委员会（RC）和惠康基金会（WT）的设备资助，总金额达530 万英镑。学院开设生物科学、内科、牙科、药剂学及护理课程（1999—2000 学年的学生全时当量数是 1849，生师比是 18.6∶1）。在学科评估（Subject Reviews）中，生科院所有领域的得分都很高。参加RAE2001 生物科学学科评估的具体研究群组见表 5.7。

表 5.7　曼彻斯特维多利亚大学生物科学学科 RAE2001 研究群组名称及编码

研究群组编码	研究群组名称
A	动物学（Animal Biology）
B	生物信息学与基因组学（Bioinformatics and Genomics）
C	外细胞基质研究（Extracellular Matrix）
D	基因表达及其归宿（Gene Expression and Cell Fate）
E	植物学（Plant Science）
F	蛋白质交换（Protein Trafficking）

资料来源：The Victoria University of Manchester. Research groups［EB/OL］. (2002 - 05 - 24)［2010 - 01 - 20］. http：//www. rae. ac. uk/2001/submissions/Group. asp? route =2&HESAInst = H - 0153&UoA = 14&Msub = Z.

　　曼彻斯特大学生物科学学院的内部组织简单、透明，部门之间没有边界。学院的研究工作是由大量交叉性的、主题研究群组（research groups）开展的，且很多都是跨学科研究。由于学科的多样性，所以在 2008 年科研评估中，6 个研究群组划归 UoA14 即生物科学（见表 5.8），4 个研究群组划归 UoA15 即临床前及人体生物学，1 个研究群组划归 UoA12 即与健康相关的专业及研究，其余的划归到了其他评估单位。而教学资源是独立分开划拨与管理的，教学与研究工作构成了矩阵式结构（matrix structure）。

表 5.8　曼彻斯特大学生物科学学科 RAE2008 研究群组名称及编码

研究群组编码	研究群组名称
A	生物信息学与基因组学（Bioinformatics and Genomics）
B	细胞基质研究（Cell - Matrix Research）
C	发展进化研究（Development and Evolution）
D	基因表达与癌症研究（Gene Expression and Cancer）
E	细胞功能研究（Organelle Function）

续表

研究群组编码	研究群组名称
F	组织、生物物理学与酶学研究（Structure, Biophysics and Enzymology）

资料来源：University of Manchester. UOA14 – Biological sciences. Research groups ［EB/OL］.（2009 – 04 – 30）［2010 – 01 – 20］. http：//www. rae. ac. uk/submissions/researchGroups. aspx？ id = 14&type = uoa&subid = 3235.

2004 年 10 月，曼彻斯特维多利亚大学与曼彻斯特理工大学合并组建成为新曼彻斯特大学（UoM），UoM 的诞生为组织与程序方面的激进变革、更有活力的学术环境、大规模的基础设施投资等提供了契机，也助推着生物科学学院追求卓越。

曼彻斯特大学雄心勃勃的"曼彻斯特 2015"的战略规划极大地影响了生科院，进而推动着对学院和研究群组的资助。曼彻斯特大学致力于生物科学方面的投资，大幅度增加了生科院的教职员工数量。生物科学学院也获得了数目空前的房屋修缮资金。财政投资要经过周密的预算，还要经受一年一度的运行绩效评估（Operational Performance Review）——该评估是由校长领导的，对所有领域的绩效都要进行严格的评判。外部的基准检查和指导是由学院科学咨询委员会（Faculty Scientific Advisory Board）实施的，该委员会由来自欧洲和美国的顶级研究者组成。

3. 研究管理

生科院是一个学者自治、生机勃勃的组织，学者们进行着最高水平的科学研究，而且为本科生、研究生和博士后研究人员创造了一个浓厚的学习氛围。主管研究的院长（Research Dean）Humphries 领导的研究小组（Research Team）负责协调研究战略，院长 North 领导的学院管理团队（Faculty Management Team）负责提出修正意见，并分配资源。尽管是研究导向的学院，但是生科院的教学经费是独立划拨的，这确保了教学活动的高效和富有生气。主管教学的院长 Stirling（2001—2007）也是一位顶级研究者。

　　生科院的研究范围涵括了所有传统的生物学科，但是研究群组的组织形式却更加适应跨学科研究，这对于解决当代生物学难题相当关键。学院的研究主题遍及基因法催生的现代生物学诸领域，这表明了现代生物学组织的复杂性。为了便于管理，所有的学术人员都选择了一个主要的研究群组，但是大多数人都不只属于一个群组。研究群组之间的重叠为研究拓展（added value）提供了机动性和推动力。研究群组的带头人（Research Group Leaders，RGLs）参与指导该群组的固有学术人员及其助手，并负责制定教师发展战略。具体来说，群组带头人的职责是：①为研究群组确立长远的科研目标；②聘用、引导、激励学术人员、研究员和博士后等；③培训教师并在选择实验人员、主持面试和口试、申请资助、写作论文等事宜上为教师们提供建议；④促进研究交流，包括协调研究机会等；⑤为了提高研究影响力，与其他研究群组、大学学院和系所、工商业界等建立内外部的战略联盟。

　　生科院的很多研究主题都与其他学院的研究课题互相交叠，例如纳米工程学、生物伦理学、成像与组织再生等，且生科院都与之开展了跨学科协作。为了推进重要领域的跨学科研究，曼彻斯特大学建立了许多研究中心。生科院教师是五个研究中心的成员，即神经系统科学研究中心、光子科学研究中心、科学伦理与创新研究中心、曼彻斯特癌症研究中心和曼彻斯特跨学科生物中心。

　　生科院较大的规模和学院制定预算等举措使得复杂的辅助设施取得了不错的经济效益，为研究人员节省了大量的时间。除了本科生与研究生办公室之外，目前学院共有五个研究辅助部门，即研究资助与预算部门、计划编制部门、基建部门、人力资源部门和信息系统部门，它们为研究人员提供一站式（one-stop-shop）服务：处理研究资助事宜，监控生科院事务，并编制战略规划，协调建筑设施的建造、修缮与养护，处理所有的教师事务，维护学院的公共与内部网络。这些研究辅助机构与大学的相关研究辅助部门保持着有效的沟通和联络，因此为全院教师与大学之间提供了沟通渠道。大学研究办公室（The Central Research Office）在研究合同协商、管理和筹资项目协调等方面发挥了关键作用。

生科院的创新举措主要有：第一，任命了五位研究事务主管（Research Business Manager, RBM），他们都有博士后经历，以团队的形式为研究人员提供高质量的行政事务服务，包括编制资助申请计划、准备材料、成果发表与保存（open access deposition）、组织会议等；第二，任命了五名辅助协调员（Support Coordinator, SC），他们在各辅助机构和学院使命之间进行协调，极大地促进了交流，最大限度地优化了流程。

前任院长 Mike Grant 为教师们的资助申请准备工作提供了诸多建议。尽管高级学术人员对所有的资助申请早已评估了很多年，但是这种目标明确的准备工作保证了 99 项资助申请取得了 49% 的成功率，而且使得申请流程更加有的放矢、颇为高效。

4. 师资政策

在 RAE2001 评估周期内，曼彻斯特维多利亚大学生物科学学院在管理、培训和职业发展方面的创新获得了充分的肯定，例如 1996 年夺得高等教育与继续教育女王年度大奖（The Queen's Anniversary Prize for Higher & Further Education, 1996）。

第一，独立的研究员。1996—2001 年，生物科学学科（UoA14）拥有 31 位知名的独立研究员，目前仍有 16 位在职。生科院只吸收那些学院认为具有国际影响的研究员（UoA14 来了 9 位）。所有的研究员，尤其是那些没有达到国际水平的人，学院对他们进行细心的指导，让其享有全部的特权，包括资源、研究助手、空间、奖学金、使用设施等，但是并不让他们承担教学和管理职责。研究员与学术人员一样接受评估和管理。1996—2001 年，2 位研究员（Hardingham、Roberts I）有望获得教授职位，4 位学术人员（Baron、Brady、Dive、Stirling）从借调转为高等教育基金委员会的研究员，9 位研究员被聘为各级学术人员（包括教授），他们是 Allan、Attwood、Bowsher、Bulleid、Caldecott、Hagan、High、Kadler 和 Woodman，6 位研究员有望获得学术任命，他们是 Humphries、Lowe、

Roberts、Sharrocks、Streuli 和 Taylor。

第二，研究生和博士后人员。自 1993 年和 1995 年启动以来，曼彻斯特维多利亚大学生物科学学院对研究生/研究员（PGT/PGR）和博士后人员的综合职业发展和技能培训模式已经成为英国其他大学甚至海外大学效仿的榜样。

生科院 1995 年设立了研究型硕士点（MRes），到 2001 年为止共有注册学生 171 名，其中 42% 的学生都获得了研究委员会资助。最近的分析表明，75% 的学生继续攻读博士学位，其余学生在企业就职。1994 年，院 – 系计算机科学合作项目开始首先设立欧洲生物信息学硕士点（MSc in Bioinformatics）。目前生科院获得了 11 项该硕士点的研究委员会奖学金。截至 2001 年，98 名学生中的 53 人直接在学术界或者企业界谋得了生物信息职位，27 人继续攻读博士学位。经济合作与发展组织（OECD，1999）的一份报告认为，曼彻斯特维多利亚大学培养的生物信息人才总数仅次于美国斯坦福大学。

曼彻斯特大学认为，高效的教师训练（staff development）不仅有利于实现个人抱负与价值，而且对院校的发展至关重要。尽管教师发展政策以研究成就为中心，但是对于教学、知识转化和公众参与也同等重视，并给予同样的支持。生科院教师在管理、训练和职业培训方面的创新获得了广泛的认可，例如 2006 年学院成为全英国大学中获得研究委员会学院奖（RCUK Academic Fellowships）最多（10 项）的单位。

大学校方对年轻教师和新调入教师都要进行培训与指导。例如召开专门会议向新教师提出全部岗位职责和绩效标准方面的建议，解释评估和指导工作，描述训练的获得方式。学院政策主任通过半天和月度的工作坊来为新教师举行为期两年的专门培训，其研究主题包括资助申请的写法、资助团体运行方式、出版策略、与产业界的合作、与人交流（networking）和实验室人员管理等。

学院每年都要对所有的教师进行绩效与发展评估（performance and development review，PDR），以统一目标和个人需求，随后每隔一段时间还要定期检查效果，业务主管（Line Managers）负责教学分工。教师发展培训的范围很广泛，包括为承担主要领导职责的教师提供起步培训（headstart programme）等。生科院的各项工作成效诸如平等性、多样性、绩效与发展评估、培训时间等每年都要接受校长的内部审核，以利于政策改进。

尽管生科院是研究导向的单位，但是其研究和教学资金是相互独立的，这就使得教学活动富有成效。在高等教育质量保障局（QAA）2005年的生物学校评估中，学院获得了最高的评级。生科院开设生物科学、内科、牙科、药剂学和护理学等课程，2007年总体师生比是1∶14。教师的教学工作量适中，每年要保证53小时的面授课时（contact hours）。2001年1月以来的革新之处在于聘用了17名专职教学人员，这些教师拥有特殊的职业发展路径（career pathway），其晋升只以教学成绩为依据。

5. 物质技术保障

（1）研究资助与收入

曼彻斯特维多利亚大学生物科学学科在 RAE2001 评估周期内，来自慈善组织和科技厅研究委员会的经费是外部科研收入的主体，数额分别居于第一位和第二位（The Victoria University of Manchester，2003c）。1996—2001 年，曼彻斯特维多利亚大学生物科学学科各种渠道的研究资助金额均有增加（2001 年 3 月 31 日时 A 类人员共获得了 87.6 万英镑资助，68 名教师中有 21 名获得了 5 年期的项目资助）（The Victoria University of Manchester，2003e）；主要建筑物及基础设施获得了 6520 万英镑资助；获得了大量的研究委员会和惠康 PGT/PGR 奖学金；教师和 PGT/PGR 学生的训练与职业培训方面的创新获得了广泛的认可；研究成果的商业推广非常成功。

在 RAE2008 评估周期内，来自科技厅研究委员会和慈善组织的经费是曼彻斯特大学生物科学学院外部科研收入的主体，数额分别居于第一位和第二位，前者总数为 47825621 英镑，后者总数为 43290439 英镑，大约分别占科研总收入（100888750 英镑）的 47% 和 43%，二者合计占 90% 以上

（University of Manchester，2009f）。生物科学学院各方面的研究收入都增加了，在 RAE2008 时生科院获得的生物研究委员会（BBSRC）的资助全国最高，达到了 7350 万英镑，相比于 RAE2001 时的 4930 万英镑增长迅猛。47 名教师获得了 5 年期的项目资助。学院的研究成果已经获得了 20 项专利，成立了 5 家孵化公司，首期上市证券（initial public offering of renovo plc）2007 年 10 月市值为 3.78 亿英镑，第三方投资逾 6000 万英镑。

（2）研究奖学金

曼彻斯特维多利亚大学生物科学学科在 RAE2001 评估周期内，来自科技厅研究委员会的研究奖学金是奖学金的主体。在此期间，生物科学学院成为获得生物研究委员会和医学研究委员会（MRC）博士生奖学金最多的院系。2000 年生科院成为夺得 5 个 WT 4 年期资助项目的 7 个院系之一，其中 1 个是关于大分子组合（macromolecular assemblies）的生物化学的细胞系统项目。同时，学院有 3 个领域（神经系统科学、植物学、蛋白质交换）被指定为玛丽·居里训练点（Marie Curie Training Site）。

在 1996—2000 年间，作为单一学系的生科院获得了 126 项配额奖学金（其中生物研究委员会 98 项，医学研究委员会 21 项，自然环境研究委员会 7 项）、69 项委员会奖学金（其中生物研究委员会 63 项，医学研究委员会 4 项，物理研究委员会 2 项）、11 项企业奖学金（其中生物技术与生物科学研究委员会 9 项，医学研究委员会 2 项）以及 65 项生物技术与生物科学研究委员会 CASE 奖学金。

在 RAE2008 评估周期内，来自科技厅的奖学金占曼彻斯特大学生物科学学院研究奖学金的主体，其数量占奖学金总数的过半份额（239/444.98）（University of Manchester，2009e）。在此期间，生科院成为全国获得生物研究委员会研究奖学金数最多的学院，且 90% 以上的博士生都在 4 年内完成了学业。

（3）研究设施

在 RAE2008 评估周期内，在联合基础设施基金（JIF）3000 万英镑的资助下，曼彻斯特大学生物科学学院已经投入了 1.7 亿英镑用于建造新的研究大楼。在 2008 年夏季，生物科学学院 80% 的教师都将在新大楼办公。4 项主要的核心研究设施（major research core facilities）都被纳入了生科院的预算之中，包括 14 个实验室和 46 名技术员，以及价值约 1200 万英镑的设备（University of Manchester，2009g）。

（二）研究者的维度

1. 研究活跃型教师

在 1996 年科研评估中，曼彻斯特维多利亚大学生物科学学院生物科学学科提交参与评估的研究活跃型 A 类人员的全时当量数（FTE）是 38.0（见表 5.9）；在 2001 年科研评估中，生物科学学科提交的研究活跃型 A 类和 A* 类人员的全时当量数（FTE）是 68.00（见表 5.10），研究助手的全时当量数（FTE）是 162.78，研究生的全时当量数（FTE）是 129.50（见表 5.10）；在 2008 年科研评估中，生物科学学科提交的研究活跃型 A 类人员的全时当量数（FTE）是 107.20，研究助手的全时当量数（FTE）是 193.93（见表 5.11）。

表 5.9　曼彻斯特维多利亚大学生物科学学科 RAE1996 研究人员概况

1996 年科研评级	4
提交学术人员的比例所属类型	A
研究活跃型 A 类人员的全时当量数（FTE）	38.0
研究助手的全时当量数（FTE）	
研究生的全时当量数（FTE）	

表 5.10　曼彻斯特维多利亚大学生物科学学科 RAE2001 研究人员概况

2001 年科研评级	5*
提交学术人员的比例所属类型	B
研究活跃型 A 类和 A* 类人员的全时当量数（FTE）	68.00
研究助手的全时当量数（FTE）	162.78
研究生的全时当量数（FTE）	129.50

资料来源：The Victoria University of Manchester. Summary of submission［EB/OL］.

(2003 – 10 – 17) ［2010 – 01 – 20］. http：//www. rae. ac. uk/2001/submissions/Form. asp? Route = 2&HESAInst = H – 0153&UoA = 14&MSub = Z.

表 5.11　曼彻斯特大学生物科学学科 RAE2008 研究人员概况

研究活跃型 A 类人员的全时当量数（FTE）	107.20
提交评估的 C 类人员总数（人）	1
研究员的全时当量数（FTE）（RA1）	26.00
研究助手的全时当量数（FTE）（RA0）	193.93

　　资料来源：University of Manchester. Summary ［EB/OL］. (2003 – 10 – 17) ［2010 – 01 – 20］. http：//www. rae. ac. uk/submissions/submission. aspx? id = 163&type = hei& sub-id = 3235.

　　在 RAE2001 评估周期内，生科院拥有 106 名 A 类研究人员，其中 68 人属于生物科学（UoA14），27 人属于 UoA5，还有 11 人分别属于 UoAs 1/3/4/20。曼彻斯特大学生物科学学院规模较大，研究团体的人员常常更替，因此需要战略性地聘用大量新教师。1996—2001 年，生物科学学科聘用了 23 名教师，包括 16 名学术人员和 7 名研究员，占全体教师的 34%；40 岁以下的教师共 32 位，占全体教师的 47%；9 人获得了特殊资助（specific funds）。这一切都显示了生科院的活力。生物科学学科共有 7 个研究群组，其中有 4 个在 RAE1996 中属于生物化学（Biochemistry, UoA12）学科。

　　在 2008 年科研评估中，曼彻斯特大学生物科学学科的研究活跃型 A 类人员的全时工作当量数（FTE）是 107.20，研究活跃型 A 类人员总数是 108 人，居全校第二位，B 类 34 人，C 类 1 人，研究助手的全时工作当量数（FTE）是 193.93，技术员为 73.44，其他辅助人员为 2.00（见表 5.12）。在 RAE2008 评估周期内，2001 年 1 月以来聘用的教师占 54%，包括 4 位教授（Chair）、4 位高级讲师（Senior Lecturer）、26 位讲师（Lecturer）、25 名研究员。在新聘用的 59 位教师中，29 名教师属于事业刚起步的研究者（early career researchers, ECR），20 位来自海外。生物科学学科的 109 名教师中有 32 人属于事业刚起步的研究者，生科院教师的平均年龄只有 43 岁。这一切都表明了生科院的活力和未来潜力。在 RAE2008 评估周期内，生物科学学科有 34 人获得了英国高等教育基金委员会的资助，37 名研究员已经或将要获得高等教育基金委员会的资助，64 名教师有过研究员经历。Sulston 已经被聘为"科学、伦理与创新研究所"（Institute of Science，Ethics and Innovation）的所长。而 2008 年科研评估中研究活跃型 A 类人员的全时工作当量数（FTE）及总数排名第一位的是商业与管理研究（Business and Management Studies，UoA 36），该学科的研究活跃型 A 类人员的全时工作当量数（FTE）是 182.22，研究活跃型 A 类人员总数是 198 人（见表 5.12）。因此，无论是从 RAE2008 的科研评级还是从研究活跃型人数来看，生物科学学科在曼彻斯特大学都属于优势学科与主干学科，很有代表性和说服力。

表 5.12　曼彻斯特大学生物科学学科 RAE2008 全体人员概况（RA0）（与 UoA 36 对比）

评估单位	A 类教师总数（人）	A 类人员全时当量数（人）（FTE）	B 类教师总数（人）	C 类教师总数（人）	D 类教师总数（人）	研究助手全时当量数（FTE）	技术员全时当量数（FTE）	其他辅助人员全时当量数（FTE）
14	108	107.20	34	1	0	193.93	73.44	2.00
36	198	182.22	33	0	0	36.91	0.00	0.00

资料来源：University of Manchester. Overall staff summary［EB/OL］.（2009 - 04 - 30）［2010 - 01 - 20］. http：//www. rae. ac. uk/submissions/ra0. aspx? id = 163&type = hei&subid = 323.

由此可见，尽管从 1996 年科研评估至 2008 年科研评估，研究活跃型教师的范围由 A 类转变为 A 类和 A* 类，后又缩小为仅包括 A 类教师，但是笔者仍然可以从中发现曼彻斯特大学生物科学学科清晰的教师数目变化轨迹。在三次科研评估的 12 年间，生物科学学科的研究活跃型教师全时当量数（FTE）从 38.00（RAE1996）到 68.00（RAE2001）再到 107.20

（RAE2008），先后增长了 30.00 和 39.20，增长相当迅猛。而与研究活跃型教师的数目变化相应的是，研究助手的全时当量数（FTE）从 162.78（RAE2001）提升至 193.93（RAE2008），增长了 31.15。耐人寻味的是，曼彻斯特理工大学 RAE2001 的研究活跃型（A 类和 A* 类）人员、研究助手的全时工作当量数（FTE）分别是 33.00、45.50（University of Manchester, 2003d），而这恰好与曼彻斯特大学在 2008 年科研评估中增加的相应数值不相上下。可见，2004 年曼彻斯特维多利亚大学与曼彻斯特理工大学的合并，使得曼彻斯特大学生物科学学科的研究人员总数大幅度增加了。

另外，由表 5.13 可知，曼彻斯特维多利亚大学生物科学学科在 RAE2001 中，被选择作为研究活跃型教师去参加评估的 A 类人员全时当量数（FTE）为 67.00，未被选择作为研究活跃型教师参加评估的 A 类人员全时当量数（FTE）为 14.03。因为英国大学及其学科组织在参加科研评估时，往往需要注意数量和质量的平衡，所以便经常采用历史制度主义的"算计路径"，尽力将自身的利益最大化。

表 5.13　曼彻斯特维多利亚大学生物科学学科 **RAE2001** 全体人员概况 （**RA0**）

评估单位	联合提交	A 类人员全时当量数（FTE）		在职的 A* 类人员全时当量数（FTE）		离职的 A* 类人员全时当量数（FTE）		博士后研究助手全时当量数（FTE）	研究生研究助手全时当量数（FTE）	技术员全时当量数（FTE）	科技管理人员全时当量数（FTE）	实验管理员全时当量数（FTE）	其他研究辅助人员全时当量数（FTE）
		选择的	未选择的	选择的	未选择的	选择的	未选择的						
14		67.00	14.03	1.00	0.00	0.00	0.00	141.82	20.50	40.10	0.00	4.00	0.00

资料来源：The Victoria University of Manchester. RA0：Staff summary[EB/OL]. (2003 – 10 – 17) ［2010 – 01 – 20］. http：//www. rae. ac. uk/2001/submissions/RA0. asp？route = 2&HESAInst = H – 0153&UoA = 14&Msub = Z.

2. 研究生

在 RAE2001 评估周期内，曼彻斯特维多利亚大学生物科学学科每年的研究生数及研究生学位授予数变化幅度不大（见表 5.14）。在 1996—2001 年间，在生物科学学院的 364 名博士生中，92% 的人在 4 年内完成了学业（完成率为 94%，最近 2 年为 97%）。

表 5.14　曼彻斯特维多利亚大学生物科学学科 **RAE2001** 的
研究生数及研究生学位授予数

年份	全时总 人数（人）	在职总 人数（人）	全时当量 总数（FTE）	所授硕士 学位数（个）	所授博士 学位数（个）
1996	151.50	10.00	156.50	13.00	36.00
1997	158.50	6.00	161.50	3.00	31.00
1998	143.50	6.00	146.50	6.00	38.00
1999	132.00	8.50	136.25	2.00	48.00
2000	142.50	6.00	145.50	5.00	48.00

资料来源：The Victoria University of Manchester. RA3a：Research student details [EB/OL]. (2003 – 10 – 17) [2010 – 01 – 20]. http：//www.rae.ac.uk/2001/submissions/RA3a.asp? route = 2&HESAInst = H – 0153&UoA = 14&Msub = Z.

值得注意的是，2004 年曼彻斯特维多利亚大学与曼彻斯特理工大学合并之后，曼彻斯特大学生物科学学科参与科研的研究生数并没有太大的变化，其授予的博士学位总数是硕士学位的 10 倍以上（见表 5.15）。

表 5.15　曼彻斯特大学生物科学学科 **RAE2008** 的研究生数及研究生学位授予数

年份	全时总 人数（人）	在职总 人数（人）	全时当量 总数（FTE）	所授硕士 学位数（个）	所授博士 学位数（个）
2001	139.00	10.00	144.16	4.00	53.00
2002	161.00	11.00	166.32	2.00	34.00
2003	181.00	20.00	192.80	6.00	35.00
2004	172.00	18.00	181.24	2.00	48.00
2005	166.00	17.00	174.34	3.00	56.00

续表

年份	全时总人数（人）	在职总人数（人）	全时当量总数（FTE）	所授硕士学位数（个）	所授博士学位数（个）
2006	181.00	23.00	194.32	7.00	34.00
2007	183.00	20.00	193.22	5.00	31.00
总计	1183.00	119.00	1246.40	29.00	291.00

资料来源：University of Manchester. UOA 14 – Biological sciences. RA3a：Research students［EB/OL］.（2009 – 04 – 30）［2010 – 01 – 20］. http：//www. rae. ac. uk/sub-missions/ra3a. aspx？id = 163&type = hei&subid = 3235.

　　根据对曼彻斯特大学生物科学学科近三次特别是近两次科研评估材料的文本解读，笔者得出的结论是：生物科学学科的科研评级从RAE1996 的 4 级大幅跃升到了 RAE2001 的 5* 级，而提交的学术人员的比例所属类型却从 A 下降到了 B，可见该学科评级提高的主要原因是研究活跃型教师的数量增长及由此带来的研究成果的增加，以及采用了历史制度主义的"算计路径"，即并未将相当数量的全职教师提交参与评估，而且提交的教师占所有全职教师的比例略微降低了。可见，在生物科学学科 2001 年科研评估中，研究者的因素发挥了重要的作用。

（三）知识的维度

　　曼彻斯特大学生物科学学科在 RAE2001 评估周期内，研究质量迅速提升，在高质量的学术刊物上发表了重要的研究成果。在 RAE2008 评估周期内，该学科 24% 的研究成果都是在跨学科的顶级刊物上发表的，例如《自然》（Nature）、《科学》（Science）、《细胞》（Cell）、《美国科学院院报》（PNAS）等，其余的文章也都发表在了高质量的刊物上。

　　通过对比曼彻斯特大学生物科学学科 2001 年和 2008 年科研评估中的研究活跃型教师发表的学术成果，笔者发现，生物科学学科研究成果的质量迅速提高。这是该学科在近三次科研评估中成绩不断上升的主要原因之一。

三、曼彻斯特大学生物科学学科案例小结

本书认为，将英国大学学科的科研评估材料重新划分为知识、组织和研究者等三个维度，可以较好地考察英国科研评估制度对大学学科发展的具体影响。具体到曼彻斯特大学生物科学学科的案例来说，科研评估原本要评估的是原创性的科研成果。而曼彻斯特理工大学生物科学学科在 2001 年科研评估中继续保持成绩优秀的原因是研究活跃型教师和科研成果的数量增加及质量的提高。也就是说，知识和研究者两个维度同时在曼彻斯特理工大学生物科学学科的案例中发挥了关键的作用。曼彻斯特大学生物科学学科则是通过增加研究活跃型教师的数量，并提高研究成果的质量，以及未将部分全职教师提交参与评估来提高科研评级的。也就是说，知识和研究者的因素也同时在曼彻斯特大学生物科学学科的案例中发挥了关键性的作用。

从生物科学学科的评估案例中可以发现，科研评估对大学学科的影响是不仅提升了内涵，同时也扩大了规模，并且教师的数量也增长了。尽管并没有鼓励投机取巧，但是大学学科组织却加快了人才引进的步伐。这可能助长大学学科发展走粗放型规模扩张之路。而英国科研评估制度并没有较好地达到评价并鼓励原创性科学研究成果的目的。

第二节　英国大学学科科研评估案例分析

在纽卡斯尔大学英语语言与文学学科、华威大学化学学科、曼彻斯特大学生物科学学科的 RAE2001 和 RAE2008 的学科评估案例中，知识维度方面的材料主要体现为科研成果的形式，包括成果的数量、级别及影响因子等。尽管科研成果的产出者主要是研究活跃型教师，但是由于研究员和研究生发表的作品也属于科学研究成果，所以它们也应划归知识的维度。从这个意义上来说，知识的维度和研究者的维度存在着交叠的地方。组织的维度大致包括研究组织、研究管理、研究战略和师资政策，

物质技术保障包括研究资助与收入、研究奖学金和研究设施等内容，它们是大学学科组织进行科学研究不可或缺的重要因素。研究者的维度包括研究活跃型教师、研究员和研究生等。尽管知识的维度和研究者的维度存在着大量交叉的地方，然而基于研究的需要，笔者还是将这两个维度分开了，期冀这样做能够便于考察英国科研评估对大学学科发展的具体影响。

通过对比纽卡斯尔大学英语语言与文学学院、华威大学化学系、曼彻斯特大学生物科学学院 RAE2001 和 RAE2008 组织维度方面的科研评估材料，笔者发现，尽管组织因素在科研评估中的权重大约只占 20%，但是该方面的材料却在科研评估材料中占了很大篇幅。其原因是研究组织工作是开展科学研究活动的制度保障，没有良好的组织和管理，一流的科学研究成果也不可能产生。在上述大学三个学科的科研评估案例中，组织维度被视为科学研究的制度性保障。

在英国三所一流大学的三个学科评估案例中，从 1996 年科研评估至 2001 年科研评估，它们的科研评级变化轨迹是：纽卡斯尔大学英语语言与文学学科从 3a 级大幅跃升到了 5 级；华威大学化学学科的科研评级也从 3a 级大幅跃升到了 5 级；曼彻斯特理工大学生物科学学科两次评估的科研评级也相同，都是 5 级；曼彻斯特大学生物科学学科从 4 级大幅跃升到了 5* 级。由此可见，上述三个学科的科研评级都出现了大幅度的跃升或保持了相当高的水平。

在了解了三个学科的科研评级变化情况之后，笔者接下来要重点分析影响科研评级的因素。到底是研究者的因素还是知识的因素决定了大学学科的科研评级？

一、知识因素与大学学科科研评级

通过对比纽卡斯尔大学英语语言与文学学科 2001 年和 2008 年科研评估中的研究活跃型教师发表的成果以及研究生的学术成果，笔者发现，英语语言与文学学科的研究成果逐渐增加，而且随着研究生数量的急剧上升，他们的学术影响也越来越大。这些原因是英语语言与文学学科在近两次科研评估中成绩不断上升的主要原因。与之类似，从华威大学化学学科 2001 年和 2008 年科研评估中的研究活跃型教师发表的学术成果对比中，笔者也发现，化学学科的研究成果逐渐增加。这是化学学科在近两次科研评估中成绩不断上升的主要原因。

由此可见，在纽卡斯尔大学英语语言与文学学院和华威大学化学系的案例中，学科科研评级的提高主要依靠的是知识因素。不过，在知识因素发挥关键作用的这三个大学学科的评估案例中，学科组织也纷纷通过引进高水平人才来改变其人才结构。这也可以视为采用了"算计路径"策略，只不过形式更加隐蔽罢了。

二、研究者因素与大学学科科研评级

尽管从 1996 年科研评估至 2008 年科研评估，研究活跃型教师的范围由 A 类转变为包括 A 类和 A* 类人员后又缩小为仅包括 A 类教师，但是笔者仍然可以从中发现英国三所一流大学三个学科的研究活跃型教师数目变化的清晰轨迹。

在近三次科研评估的 12 年间，英国三所大学三个学科组织所提交的研究活跃型教师数一般都发生了较大的变化。

纽卡斯尔大学英语语言与文学学科提交的研究活跃型教师全时当量数（FTE）从 21.0（RAE1996）到 23.96（RAE2001）再到 30.80（RAE2008），其中 RAE2008 比 RAE2001 增长了 6.84。同时，RAE2001 与 RAE1996 相比，英语语言与文学学科提交的学术人员的比例所属类型也从 B 提高到了 A。而与研究活跃型教师的数目变化相应的是，研究助手的全时当量数（FTE）从 0.00（RAE2001）增长到 2.00（RAE2008），前后变化不大。RAE2001 与 RAE1996 相比，英语语言与文学学科的研究活跃型教师的比例提高了，而数量只是小幅上扬。

华威大学化学学科提交的研究活跃型教师全时当量数（FTE）从 25.0（RAE1996）到 24.00（RAE2001）再到 32.80（RAE2008），其中

RAE2008 比 RAE2001 增长了 8.80。同时，RAE2001 与 RAE1996 相比，化学学科提交的学术人员的比例所属类型不变，都是最高的 A 型。而研究助手的全时当量数（FTE）从 44.55（RAE2001）下降到 34.00（RAE2008），总数有所减少。RAE2001 与 RAE1996 相比，化学学科的研究活跃型教师的比例都是最高，而总数只减少了 1 人。

在 RAE1996 和 RAE2001 两次评估中，曼彻斯特理工大学生物科学学科提交的研究活跃型教师全时当量数（FTE）从 21.0（RAE1996）提升至 33.00（RAE2001），增长了 12.00。同时，该学科提交的学术人员的比例所属类型也都是 A。在近三次科研评估的 12 年间，曼彻斯特大学生物科学学科提交的研究活跃型教师全时当量数（FTE）从 38.00（RAE1996）到 68.00（RAE2001）再到 107.20（RAE2008），先后增长了 30.00 和 39.20，增长相当迅猛。同时，该学科提交的学术人员的比例所属类型却从 A 下降到了 B。而研究助手的全时当量数（FTE）从 162.78（RAE2001）提升至 193.93（RAE2008），增长了 31.15。RAE2001 与 RAE1996 相比，生物科学学科所提交的研究活跃型教师占全职教师的比例略微降低。当然，2004 年曼彻斯特维多利亚大学与曼彻斯特理工大学的合并，是曼彻斯特大学生物科学学科的研究人员总数大幅度增加的重要原因。

由此可见，在 2001 年科研评估中，纽卡斯尔大学英语语言与文学学科和华威大学化学学科科研评级提高的主要原因不是研究活跃型教师的数量增长，而是研究成果数量的增加和质量的提高，也就是说，研究者的因素并没有发挥最重要的作用，从而排除了以"人海战术"取胜的可能。当然，这两个学科组织也通过引进研究活跃型教师去提高整体研究水平，并重组了研究组织，这些措施对科研评级的提高也发挥了很大的作用。

曼彻斯特理工大学生物科学学科之所以在 2001 年科研评估中继续保持了优秀成绩，不仅是因为研究活跃型教师的数量增长，而且还由于研究成果数量的增加和质量的提高，也就是说，研究者和知识两方面因素同时在该学科的案例中发挥了关键的作用。与之类似，曼彻斯特大学生物科学学科在 2001 年科研评估中评级提高的主要原因是研究活跃型教师的数量增长及由此带来的研究成果的增加及质量的提高，也就是说，也是研究者和知识两方面因素共同发挥了关键性的作用。

综上所述，英国三所一流大学的三个学科在 2001 年科研评估中，绝大部分都是依靠知识的因素来提高科研评级的，例如纽卡斯尔大学英语语言与文学学科和华威大学化学学科都属于这种情况，而只有曼彻斯特理工大学和曼彻斯特维多利亚大学的生物科学学科同时依靠了研究者和知识两方面的因素来提高科研评级。可见，知识的因素在英国大学学科科研评级中发挥了最重要的作用。不过，由于学术研究成果的产出者主要是研究活跃型教师，所以研究者的因素尤其是高水平的研究者在英国科研评估中的作用绝不能忽视。英国三所大学的三个学科组织也通过引进研究活跃型教师去提高人员的整体研究水平，并重组研究组织，以提高科研评级。因此，英国科研评估会加剧英国大学及其学科组织之间的人才争夺战便不足为奇了，同时，科研评估也会促使大学学科组织的结构调整及变革，这又是其积极的一面。

小　结

本章继续根据知识、组织和研究者等三个维度，将曼彻斯特理工大学和曼彻斯特维多利亚大学（以及 2004 年二者合并组建的曼彻斯特大学）生物科学学科 2001 和 2008 年（必要时涉及了 1996 年）的科研评估材料进行重新整合，得出的初步结论是：知识和研究者的因素同时在两所大学的生物科学学科的案例中发挥了关键性的作用。而科研评估对大学学科的影响是不仅提升了内涵，而且也扩大了规模，同时教师的数量也增长了。尽管并没有鼓励投机取巧，但是大学学科组织却加快了人才引进的步伐。这可能助长大学学科发展走粗放型规模扩张之路。另外，上述三个学科组织也采用了隐蔽的"算计路径"策略，即通过引进高水平的研究人员来提高整体的研究实力，并重组了学科的研究组织，从而达到了提高科研评级的目的。然而，英国科研评估制度并没有较好地达到评价并鼓励原创性科学研究成果的目的。尽管知识的因素在英国大学学科 2001 年科研评级中发挥了最重要的作用，但是研究者的因素尤其是高水平的研究者在英国科研评估中的作用绝不能忽视。

第六章 科研评估体制下英国大学学科发展的总结与启示

  鉴于学科在大学视域里的含义大致包括（高深）知识、（学术）组织和研究者（教师和学生），所以为了考察英国科研评估制度对大学学科发展的影响，本书首先将科研评估的指标体系重新划分为知识、组织和研究者等三个维度，然后将纽卡斯尔大学英语语言与文学学科、华威大学化学学科、曼彻斯特大学生物科学学科 RAE2001 和 RAE2008 的评估材料①按照上述三个维度进行重新整合，以期从中发现科研评估制度对大学学科发展的具体影响，并总结出一些规律性的结论来。

  作为一项已经实施了 20 多年的制度，英国科研评估制度（RAE）通过影响大学的科研经费分配，对英国一流大学的学科发展发挥了指挥棒的作用，并产生了重大的影响：在普遍提高科研质量的同时，也带来了资源集聚效应，并形成了"研究管理文化"，相应的，大学学科组织也进行了"策略性的算计"，并采取了各种应对策略。对于致力于创建世界一流的中国研究型大学来说，学习借鉴英国一流大学的学科发展经验，可以更加有利于自身宏伟目标的实现。

---

  ① 为了便于比较，必要时还涉及 1996 年科研评估的部分材料。

第一节 英国科研评估对原创性科研的促进作用考察

一、科研评估对原创性科研成果的评价情况考察

从纽卡斯尔大学英语语言与文学学科、华威大学化学学科、曼彻斯特大学生物科学学科的案例中，本书认为，将英国一流大学学科的科研评估材料重新划分为知识、组织和研究者等三个维度，可以较好地考察英国科研评估对原创性科研成果的评价情况，以及科研评估对大学学科发展的具体影响。

科研评估制度的设计初衷之一是评价原创性的科研成果，但是从三个学科的案例中可以发现：纽卡斯尔大学英语语言与文学学科和华威大学化学学科都是通过增加成果发表的数量与提高成果的质量来提高科研评级的；曼彻斯特大学生物科学学科则是通过增加研究活跃型教师的数量，以及未将部分全职教师提交参与评估来提高科研评级的。所以，笔者认为，英国科研评估并没有较好地实现考察原创性科研成果的目的。科研评估反而会加剧人们对论文（paper）等的过度追捧，以及对评估策略的过度迷信。尽管这种情况可能并不是在所有大学都比较严重，但是已经成为一种不容忽视的趋势。从这个意义上来说，英国科研评估在实施中异化了，并没有完全实现评估并鼓励原创性科学研究成果的制度设计初衷。

在开始研究的时候，笔者也对科研评估制度是否实现了鼓励原创性科研成果的初衷存有疑惑，担心由于语言障碍问题而出现理解偏差的情况，但是从接触到的大量文献来看，尽管英国大学的科研质量获得了有目共睹的提高，但是原创性的科研成果并没有成为科研评估制度的评价重点。

二、科研评估实现了有限目标

英国科研评估的制度设计初衷包括：①提高英国大学的研究质量与水平；②评估并促进原创性的科研成果；③效率更高地分配大学的科研经费。综合已有的研究成果，结合本书的案例研究，笔者认为，英国科研评估制度可以说实现了有限目标，即在其实施的 20 多年内，提高了英国大学在绝大多数顶尖研究领域的研究质量；在提高科研经费分配效率的同时，带来了资源分配中的"集聚效应"，使得"富者愈富，贫者更穷"；而原创性科研成果并不能仅仅由发表的论文与专著的数量与层次来表征，尽管后者表明了社会对于研究成果学术水平的认可，但是发表的论文等成果并不是原创性科研成果的充分条件，而只是其必要条件。因为原创性科研成果的产出条件除了社会对其学术水平的认可、一定的学科发展平台及物质技术支撑之外，更需要大学学科发展自身的"学术逻辑"[①]。而学术逻辑的核心要素包括学术自由、学术自治等，例如尊重学者在研究选题方面的自由，而不是一味地迎合社会需求甚至是"低俗"的需求，也不是学术研究的过度商品化。但是在新公共管理思想影响下出台的科研评估制度，却意味着英国政府对大学干预的加强以及大学行政权力的逐渐膨胀，这便与原创性科学研究所需要的"学术逻辑"发生了矛盾。于是，英国科研评估制度无法充分实现评估并鼓励原创性科研成果的目的便在情理之中了。

---

① 感谢导师清华大学教育研究院常务副院长史静寰教授对于此观点的形成与凝练所给予的指导与帮助。

第二节 英国科研评估制度对大学学科发展的影响机制

一、大学学科组织采用"算计路径"

从历史制度主义的视角来看，英国大学学科组织在科研评估制度实施以后，采用了历史制度主义的"算计路径"策略。在"策略性算计"的基础上，大学学科组织"寻求最大化地实现自己由特定的偏好所设定的一系列目标，并采取策略性的手段来实现这些目标，从而使得自身利益最大化"。也就是说，它们会全方位考虑每一种方案，并选出那些能够使自身利益最大化的方案。在算计路径中，制度提供了与其他行动者相关的信息、协议的执行机制、对背叛行为的惩罚等等（彼得·豪尔，罗斯玛丽·泰勒，2003）。此时，科研评估制度的影响是"通过对个体期望的改变而实现的"。科研评估制度长期存在的原因是"制度内部存在着一种'纳什均衡'，即个体之所以坚持这种制度是因为背离这种制度会使个体的境况变得更坏"（常文磊，2010a）。

阿米恩·埃利·泰勒比（Ameen Ali Talib, 1999）认为在科研评估中要做好两方面工作才可能取得好成绩：首先，权衡"数量与质量"，即决定将要提交"谁"作为研究活跃型人员参与评估；其次，将评估材料提交给哪个评估小组，即选择向"哪里"提交本单位的评估材料。具体来说，提交较大规模的人员参与评估，能够提高拨款的容量系数，但是却要冒降低评估质量的风险，如果研究评级降低，那么获得的拨款就会减少；而提交较小规模的人员参与评估，虽可能提高研究评级，然而大量事实表明，评估小组并不愿意把最高评分给予那些参与评估人员占全职教师比例较低的学系，即使它们的成果一般都质量较高。因此，大学学科组织必须找到数量和质量的最佳平衡点。同时，高等教育领域越来越普遍的跨学科现象，也使得"决定"向哪个评估小组提交材料变得很复杂。

从英国三所一流大学的学科发展案例中笔者发现：在 2001 年科研评估中，这些学科组织在向科研评估小组提交评估材料的时候，并没有都将所有的全职教师作为研究活跃型人员参与科研评估，而是大都采取了"算计路径"，即未将相当一部分全职教师提交参与评估（见表 6.1）。由表 6.1 可知，纽卡斯尔大学英语语言与文学学科（UoA50）的研究活跃型 A 类和 A* 类人员的全时当量数（FTE）是 23.96，仅有 1 位全职人员未被提交参与评估。该校研究活跃型人数最多的评估单位是"以医院为基础的临床学科"（UoA03），其研究活跃型 A 类和 A* 类人员的全时当量数（FTE）是 103.16，而该学科未被选择参与评估的全职教师全时当量数（FTE）多达 57.68（University of Newcastle upon Tyne，2003a）。华威大学化学学科（UoA18）选择了 24.00 位（FTE）全职教师作为研究活跃型人员去参与评估，1.00 位（FTE）全职教师并未被选择作为研究活跃型参加评估。曼彻斯特维多利亚大学教育学科（UoA 68）选择了 54.40 位（FTE）全职教师作为研究活跃型人员参加科研评估，14.80 位（FTE）全职教师并未被选择作为研究活跃型参加评估。曼彻斯特维多利亚大学生物科学学科（UoA14）选择了 67.00 位全职教师作为研究活跃型去参与评估，14.03 位（FTE）全职教师并未被选择作为研究活跃型参加评估。在三所大学的学科发展案例中，只有曼彻斯特理工大学的生物科学学科将所有的全职教师作为研究活跃型人员参与了 2001 年科研评估。这正好印证了阿米恩·埃利·泰勒比（Ameen Ali Talib，1999）的论断，即英国大学在参加科研评估时，往往需要注意数量和质量的平衡。从历史制度主义的视角来看，英国大学提交科研评估材料即选择谁作为研究活跃型教师，向哪个科研评估小组提交材料参与评估的过程，正是采用了"算计路径"，尽力将自身的利益最大化。

表6.1　纽卡斯尔大学英语语言与文学学科、华威大学化学学科、曼彻斯特维多利亚大学教育学学科、曼彻斯特维多利亚大学生物科学学科、曼彻斯特理工大学生物科学学科 RAE2001 全体人员概况

评估单位	联合提交	A类人员全时当量数 (FTE)		在职的A*类人员全时当量数 (FTE)		离职的A*类人员全时当量数 (FTE)		博士后研究助手全时当量数 (FTE)	研究生研究助手全时当量数 (FTE)	技术员全时当量数 (FTE)	科技管理人员全时当量数 (FTE)	实验管理员全时当量数 (FTE)	其他研究辅助人员全时当量数 (FTE)
		选择的	未选择的	选择的	未选择的	选择的	未选择的						
50		22.96	1.00	1.00	0.00	0.00	0.00	0.00	0.00	0.00	0.00	0.00	0.00
18		24.00	1.00	0.00	0.00	0.00	0.00	42.55	2.00	13.65	0.00	0.00	2.00
68		52.40	13.80	1.00	0.00	1.00	1.00	12.55	4.70	0.00	0.00	0.00	0.00
14		67.00	14.03	1.00	0.00	0.00	0.00	141.82	20.50	40.10	0.00	4.00	0.00
14		31.00	0.00	2.00	0.00	0.00	0.00	36.50	10.00	21.30	0.00	4.93	2.50

资料来源：University of Newcastle upon Tyne. 2001. RAO：Staff summary［EB/OL］. (2003 – 10 – 17)［2009 – 09 – 10］. http：//www. rae. ac. uk/2001/submissions/RAO. asp? route = 1&HESAInst = H – 0154&UoA = 03&Msub = Z；University of Warwick. UOA – 18 Chemistry. RAO：Staff summary［EB/OL］. (2003 – 10 – 17)［2010 – 01 – 12］. http：// www. rae. ac. uk/2001/submissions/RAO. asp? route = 2&HESAInst = H – 0163&UoA = 18&Msub = Z；University of Manchester. Staff summary［EB/OL］. (2003 – 10 – 17)［2010 – 01 – 10］. http：//www. rae. ac. uk/2001/submissions/RAO. asp? route = 2&HESAInst = H – 0153&UoA = 68&Msub = Z；The Victoria University of Manchester. RAO：Staff summary［EB/ OL］. (2003 – 10 – 17)　［2010 – 01 – 20］. http：//www. rae. ac. uk/2001/submissions/ RAO. asp? route = 2&HESAInst = H – 0153&UoA = 14&Msub = Z；The University of Manchester Institute of Science &Technology. RAO：Staff summary［EB/OL］. (2003 – 10 – 17)［2010 – 01 – 20］. http：//www. rae. ac. uk/2001/submissions/RAO. asp? route = 2&HESAInst = H – 0165&UoA = 14&Msub = Z.

二、大学学科发展出现"研究管理文化"

埃万·费里耶等人（Ewan Ferlie, et al, 2008）总结出了新公共管理思想在高等教育领域里的十大特征，其中有一条是加强和明晰了高层学

术人员如副校长和学系主任的管理作用，不断贯彻"管理要管"的原则。克拉克、考克瑞恩和迈克拉夫琳也认为，新公共管理或新管理主义的主要特征是强调管理高层在组织领导和管理方面的作用（John Milliken and Gerry Colohan，2004）。

自 20 世纪 80 年代后期以来，英国大学里的研究管理工作明显呈现出不断加强的趋势。《英格兰选择性研究拨款模式的影响与结果》（2005）的调查表明：过去 15 年来，英国大学的研究管理系统不断发展，而且越来越被公认为是高等教育研究文化（research culture）的一部分。大学研究管理的重点因研究历史、能力和使命而不同（Evidence Ltd，2005）[35-40]。具体来说，大学的主要政策出现了相应的调整，成立了研究管理部门，改变了管理结构及方式（包括研究规划和资源分配机制）；学系等部门加强了研究管理工作；学术人员认同并接受了对研究进行管理，认为科研评估对于优秀的大学管理是必不可少的。这些变化看来都是由周期性的科研评估引起的（Evidence Ltd，2002）[11-12]。

科研评估和选择性拨款模式的出现在高等教育领域引起的变化是大学成立了研究管理部门，并且该机构不断发展。例如 20 世纪 90 年代早期形形色色的"研究委员会"（research committees）相继出现，随后激发大学和学系建立了监测和提高绩效的更复杂的机构（Evidence Ltd，2002，2005）。莫里斯（Morris N.，2000）认为，绩效拨款确实加快了大学文化变革的速度，使大学做出了更快的反应，把资源分配给了研究卓越者。但是影响研究绩效的最大因素是研究文化的转变及其对研究人员的间接影响。大学的文化转变之所以影响研究卓越，因为人们认可并接受了研究管理要更加聚焦和更富战略性的理念，心甘情愿地接受评估（Evidence Ltd，2002）。

由此可见，在新公共管理思想的影响下，英国科研评估带来并强化了大学中的管理主义，形成了"研究管理文化"。对研究绩效的关注和学系、研究人员对于研究管理工作的认可与接纳，表明科研评估业已影响了大学的行为和个体的思维方式，这势必对英国传统的大学自治造成巨大冲击。

　　在三所英国大学的学科科研评估案例中，"管理主义"特色体现无遗。

　　曼彻斯特大学教育学院将研究与学术视为各项工作的首选目标，强化研究氛围，设置了专职研究发展主管，对教师们进行研究资助申请书的写作培训，由高级学术人员对申请书进行评估，极大地提高了研究资助申请的成功率；对教师进行年度绩效发展评估。曼彻斯特大学生物科学学院由学院制订预算，不仅保障了辅助设施的经济效益，而且为研究人员节省了大量的时间；学院的研究辅助机构包括本科生办公室、研究生办公室、研究资助与预算、计划编制、基建、人力资源和信息部门等，它们为研究人员提供"一站式"服务，例如编制预算、处理研究资助申请事宜、维护设施与信息系统、与大学的相关研究辅助部门进行沟通等；学院每年要接受很多评估和检查，例如财政投资要经过由校长领导的、周密的预算，还要经受一年一度的运行绩效评估，同时外部的基准检查和指导是由学院科学咨询委员会实施的，该委员会由来自欧洲和美国的顶级研究者组成；学院每年都要对所有的教师进行绩效与发展评估，以协调组织目标和个人需求，随后每隔一段时间还要定期检查效果。

　　华威大学鼓励学术人员提高研究水平，建立了研究发展基金；大学的研究服务部门集中从事研究管理工作，并提出相应建议；华威大学研究生院为博士生提供规范的训练与支持方案，帮助全体人员接受综合培训。华威大学化学系的研究委员会负责研究的推进和管理事宜，其成员包括系主任任命的每个研究群组的负责人和学系研究联络部门的负责人；由化学系教授组成的指导委员会负责研究文化的构建与维持工作，促进科学研究。化学系聘用了一名研究联络主管，与学术人员通力合作，激励他们去申请科研资助，为他们寻觅研究机会，并在手续和成本方面提供建议。

　　研究是纽卡斯尔大学及其英语语言与文学学院在教师试用、聘任与晋升等工作中最重要的考虑因素。学院致力于构建一种研究文化，并战略性地、最大限度地挖掘研究潜力、提高研究质量；从管理上和智力支持上切实激发每位研究人员的士气，支持高质量的研究项目。纽卡斯尔大学及其英语语言与文学学院，以及学院下属的学系都设立了推进研究工作的管理机构。例如研究室主任和系主任负责学院的研究管理工作，同时要与研究委员会协商。学院定期评估研究人员的研究计划，同时学术人员也开展自评活动。研究室主任和学部、学院的同行评议协会（Peer Review Colleges）都会为研究申请提供建议，并负责对其进行评估。研究委员会具体负责研究战略与规划和研究休假安排，为研究人员寻觅研究机会并知会他们，评估学术人员的外部资助申请草案，筹划访问学者项目、学院的研究休息日等。学院的研究管理工作既要考虑研究人员的需要及学术兴趣，还要将他们的学术兴趣与大学和国家的利益结合起来。

三、科研评估对大学学科发展的影响机制

英国大学的科研评估实行了 20 多年，是英国高等教育现代化的重要组成部分，成为对学术机构影响最大的制度之一（Mary Henkel，1999）。那么，英国科研评估对大学学科发展的具体影响是什么呢？

在纽卡斯尔大学英语语言与文学学科的案例中，科研评估并未鼓励粗放型的规模扩张；在华威大学化学学科的案例中，科研评估并没有鼓励教师数目的盲目增长；在曼彻斯特大学生物科学学科的案例中，科研评估使得该学科组织不仅提升了内涵，而且也扩大了规模，甚至有点儿投机取巧。不过总的看来，英国科研评估对大学学科发展的影响主要是鼓励了内涵的提升及研究质量的提高，虽然有时也导致粗放型的规模扩张与投机取巧，但是科研评估基本上实现了制度设计的另一初衷即提高英国的科学研究质量。

综合已有的研究成果，再结合本研究的英国一流大学学科发展案例，可以发现：英国高等教育基金委员会组织实施的科研评估制度通过对大学学科的科研成果进行评价、给出相应的等级，并运用一定的计算公式来决定拨给大学的科研经费数额，且研究委员会的项目经费分配也十分

倚重大学学科的科研评级，这种科研经费管理方式对大学及其学科组织产生了巨大的影响，大学和学系高度重视科研评估，纷纷采取了一系列的应对措施，包括制定战略规划，加强研究管理工作，注重对研究人员的绩效进行评估，在科研评估中尽力使提交的研究成果的数量与质量取得平衡等等。

图 6.1 简单描述了科研评估制度对大学学科发展的影响路径：

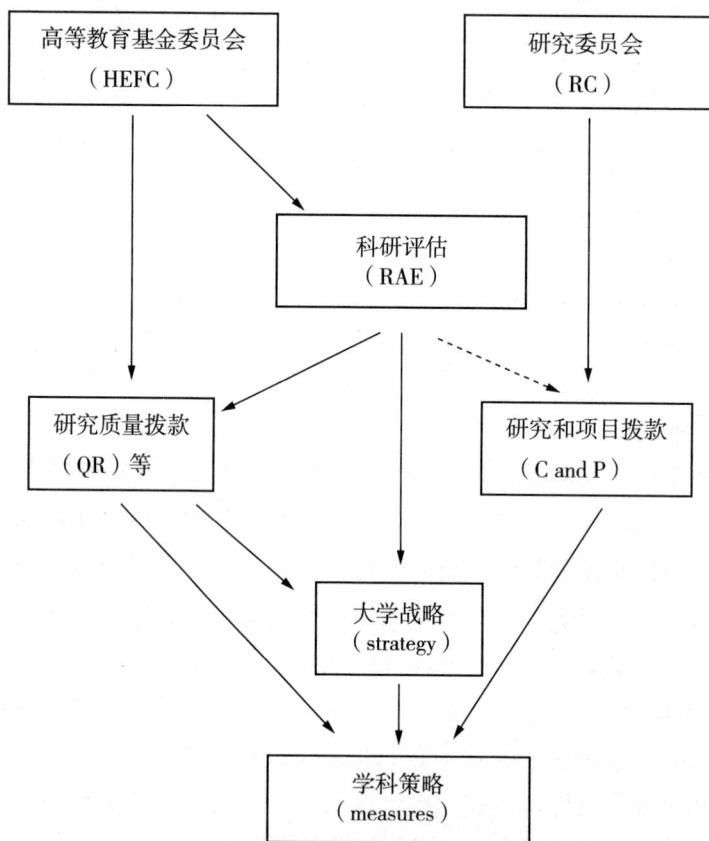

图 6.1 科研评估与大学学科发展关系示意图

在大学行动者方面，英国科研评估出现之后，一些高等教育机构比其他机构在研究方面表现更出色。为了探寻其原因，保罗·柯兰（Paul J. Curran，2000）把该问题简化为：为什么有些高等教育机构拥有大量研究成功的学系？他认为问题的答案就在于探索下列两个紧密相关的问题：第一，学系的竞争优势是什么？第二，学系是如何形成竞争优势的？

保罗·柯兰认为，影响学系成功的因素很多，例如，历史、地理位置、愿景、目标、管理、组织、财富、声誉、研究优势、利益相关者的层次、规模、教师情况、本科生/研究生情况、学系文化等（Gleave, et al, 1987；Gold, 1993；Unwin, 1993；JIPWG, 1994；Johnston, 1994；Johnston, et al, 1995）。但是，这些因素相互交叉、重叠，经常很难度量（Mace, 2000），因此它们很难为整体地理解学系的竞争优势提供有益的线索。后来，保罗·柯兰（Paul J. Curran，2000）受到迈克尔·波特（Michael E. Porter，1990，1995，1998）提出的"国家竞争优势模型"（The Model of Competitive Advantage of Nations）的启发，并对该模型进行了修正，从而提出了描述与理解学系竞争优势的菱形模型。其因素如下。

（1）学系战略、组织与竞争（departmental strategy, structure and rivalry）：学系内部的组织或管理方式，以及本学科其他学系所带来的压力。例如，学系通过改变结构和策略，以适应资助机构的要求（这包括研究时间和成果发表、学系规模、本科生与研究生数量和生师比等方面）。大学的作用就是创造条件，使竞争优势菱形模型中的组织和学系的因素条件形成系统合力，并相互强化（Michael E. Porter，1990，1998）。在柯兰的实证研究中，学系组织/管理和外部竞争的综合影响是由两次科研评估（RAE1992、RAE1996）之间的研究活跃型人员的数目变化，学系招聘、培养和保持本学科少数的知名学者的能力来度量的。数据结果表明：生师比、研究活跃型人员的数目变化、其他研究人员提交的出版成果同科研评级的相关关系不大。如果额外的资金被授予研究评级较高的学系，而且这些资金拨付给了学术人员的话，那么生师比同科研评级的相关度较低就令人深感意外。这些结果印证了一些猜测，即大学扣留了部分拨付给评级较高学系的额外资金，这直接违反了高等教育基金委员会选择性地支持研究卓越的原则。1992 年至 1996 年间，约半数的研究活跃型人员的更替对每个学系都有影响，无论其科研评级高低。大多数研究活跃型人员都足额提交了 4 项发表的成果，而其他研究人员发表的成果对学系的科研评级没有影响。

（2）需求状况（demand conditions）：学术界对学系研究的需求情况往往从学系发表研究成果、吸引资助和研究人员等方面的成功上体现出来。具体来说，包括学系的成果发表情况（书及其章节、期刊论文），研究活跃型人员（尤其是从研究委员会）获取研究资助、研究助手及辅助人员、（尤其是获得研究委员会资助的）研究生的能力。柯兰的实证数据显示：由于人们普遍认为科研评估小组非常重视需求因素，所以上述所有变量都同科研评级呈现相关关系（尽管某些情况下比较微弱）。

（3）要素状况（factor conditions）：高等教育机构为学系提供的可资竞争的因素，包括劳动力（人力、知识资源）、资本（资金）、基础设施（物质资源）、大学的位置。它们可能是高等教育机构遗传下来的基本要素例如大学的位置，或者是投资带来的高级要素例如大学的规模、财政优势、研究取向、财政状况的灵活性等。大部分要素都同高等教育机构的财政状况有关，而且几乎都是历史慢慢积累的结果（Paul J. Curran, 2001）。

（4）相关与支撑学系（related and supporting departments）：高等教育机构内相关的或者研究成功的学系是大学的研究优势所在，它们可以为学系开展研究提供行为榜样和研究合作者。

（5）机遇（chance）可以在很多方面提供竞争优势，例如引进了著名研究者，教师们提出了创新性的理论或方法，强有力的领导或者大笔捐赠等。由于机遇事件具有累积性，因此总是偏向于历史悠久的学系。

（6）政府（government）对大部分学系的影响常常是相同的，只有政府改变了其他因素时才会影响研究质量。例如，政府可以通过研究委员会的资助影响需求状况，还可以通过高等教育基金委员会对学系进行资助。

相关的实证研究（Paul J. Curran，2001）表明，柯兰提出的学系竞争优势模型具有较强的解释力。因此，在我国大学的学科发展中可以借鉴该模型。这不但可以丰富学科发展理论，而且有益于世界一流大学的学科建设。

四、英国科研评估制度评价

（一）总体印象

英国的科研评估明显偏向历史悠久、蜚声海内外的名牌大学。无论是就科研评估小组的人员构成和科研评估中获得的研究质量评级，还是从高等教育基金委员会获得的科研拨款以及从研究委员会争取到的合同和项目经费来讲，一流大学群体都是最大的受益者。在英国大学的研究质量不断提高、研究评级上升很快但经费增长幅度比较缓慢的情况下，为了保证对卓越者的资助，拨款机构不断提高获得拨款的基准，甚至不惜"拆东墙补西墙"，把原本应该给予新大学的研究拨款划拨给了名牌大学（Stephen Sharp and Simon Coleman，2005）。在 2010—2011 年英格兰高等教育基金委员会的年度拨款计划中，只有在 RAE2008 中获得 2* 级（研究质量达到世界水平）的评估项目才能获得（标准基数的）拨款，而最高的 4* 级学科所获得的拨款是 2* 级的 9 倍（HEFCE，2010）。虽然玛丽·亨克尔指出，科研评估业已充分改变了大学的科研管理和学系文化，扰乱了大学、学系、学科和学术人员的关系网，已影响了学术人的专业身份和研究职责（Mary Henkel，1999），但是英国科研评估所具有的评判英国大学学者的研究质量以及将大部分国家资助分配给被公认为具有国际水平的研究者的两大功能却不容忽视（Dominic Orr，2004）。

总之，英国科研评估制度的特点是：评估过程的公开性；评估成员的广泛性；评估指标的合理性；评估方法的科学性；评估结果的竞争性（顾丽娜，等，2007）。科研评估对英国高等教育和大学产生了巨大影响：增加了研究环境和研究设施管理的灵活性；促进了高校的学科发展和高校科研人员结构的调整；提高了研究训练水平和高校教师的研究效率与质量；有助于促进高校整体研究实力和高校科研拨款效率与科研绩效的提高（汪利兵，等，2005；王璐，尤锐，2008；罗侃，2008）。科研评估也产生了一些负效应，最主要的问题是：大学为评估进行准备的成本过高；科研水平评估对于论文发表的强调，造成了大学教师在发表研究成果时的急功近利行为，例如，倾向于提前发表成果，而且成果的形式倾向于较短的一系列文章而不是较长的文章等；使得科研人员的工作量大增，工作时间更长，且还要承受科研工作以外的各种压力；导致一些大学为了得到科研基金，加大对科研的关注和资金投入而忽视了教学；导致各大学研究投入加大，赤字上升，收益递减；妨碍学术自由，带有惩罚色彩，这对于英国传统的学术文化和学术本身是一个沉重的打击（罗侃，2008；王璐，尤锐，2008；王来武，2005）。不过总的看来，英国科研评估制度对英国高等教育包括大学学科的发展所发挥的积极作用仍然值得我们认真总结与提炼，并汲取其中的成功经验与做法。

（二）对创新与卓越的永恒追求

本书认为：对创新与卓越的永恒追求是英国科研评估制度的典型特质。从某种意义上可以说，该制度变的是形式，不变的是对卓越与创新的永恒追求。

1. 追求卓越是目标

近年来，在以"卓越"为核心价值取向的学术研究发展战略的实施下，英国已经成为国际一流研究基地和国际卓越知识网络中心。英国学术研究卓越主要表现为：论文被引频次和高引论文量居世界前列，研究人员平均研究论文数量、被引频次、高引论文数量以及单位研究经费产出率均位居世界首位。大学卓越研究、多元可持续性的融资渠道、卓越取向的科研评估体制以及国际科研合作多维逻辑因素的螺旋式融合共同促生了英国学术研究卓越（武学超，2012）。英国高等教育拨款委员会通过实施科研评估活动（RAE）和卓越研究框架（REF）来提高研究项目质量，并作为分配研究资金的重要依据（中华人民共和国科学技术部，2011）。

他山之石，可以攻玉。我国高校应充分挖掘学术研究的优势潜能，积极借鉴英国的成功经验，大力提升高校卓越研究能力，加快高等教育强国建设进程。只有调动所有高校追求卓越研究的积极性，才能推动我国研究整体水平的提高。

2. 持续创新是关键

历史上英国大学与政府之间的联系很少，这一局面在进入 20 世纪之后逐渐发生了变化。英国政府逐渐建立了高等教育的拨款机构，在"二战"结束至 20 世纪 70 年代初期间，英国政府更逐渐加强了对大学的控制。从 1965 年开始实行双重科研拨款制度（Dual Support System，DSS）。为了提高研究项目质量，并作为分配研究资金的重要依据，英国高等教育拨款委员会在 1986—2008 年间实施了科研评估活动（RAE），2014 年之后实行在科研评估活动基础上创新而来的卓越研究框架（REF）（中华人民共和国科学技术部，2011）。

随着形势的变化及体制自身弊端的逐渐暴露，英国科研拨款机构从无到有，科研评估制度历经科研评估活动、卓越研究框架，不断进行探索、修正与完善，创新的脚步从未停止。这对于我国高等教育界贯彻党的十八大提出的实施创新驱动发展战略的要求，具有深刻的启示意义。

第三节　英国科研评估制度对改进我国哲学社会科学评价的启示

一、建设创新型国家的时代需求

为贯彻落实党的十七届六中全会精神，贯彻落实《中共中央办公厅、国务院办公厅转发〈教育部关于深入推进高等学校哲学社会科学繁荣发展的意见〉的通知》（中办发〔2011〕31 号）精神，进一步改进哲学社会科学研究评价，促进高等学校哲学社会科学健康发展，教育部发布了《关于进一步改进高等学校哲学社会科学研究评价的意见》（教社科〔2011〕4 号）（以下简称《意见》）。《意见》认为：开展科学有效的科研评价，是推动科研管理创新，优化研究资源配置，构建现代科研管理制度的重要内容。应该"充分认识改进哲学社会科学研究评价的重要意义"，并"确立质量第一的评价导向"。《意见》不仅对哲学社会科学研究评价，而且对我国高等教育科研评估具有重要的指导作用。党的十八大提出实施创新驱动发展战略，将其摆在突出位置，说明党对科技进步和创新的高度重视。

由此可见，我国从顶层设计上开始重视"实施创新驱动发展战略"，并将"构建以企业为主体、市场为导向、产学研相结合的技术创新体系"作为实现国家经济与科技持续进步的根本战略。从国际视域来看，英国为了建设创新型国家，不断改革研究管理体制，对科研评估系统不断进行改革创新，"提高了大多数领域的研究质量"，使国家的学术生产力与综合国力始终保持在世界领先地位。英国的发展经验对我国改进学术评价机制、实施"协同创新战略"（"2011 计划"）、建设创新型国家，具有重大的借鉴意义。

二、学术评价创新的重要意义

学术评价是高校管理的一个核心环节，事关教师业绩考核、职称晋升和学术奖励，在高校教学科研工作中具有指挥棒式的导向作用。建立科学、公正的学术评价制度，对于我国高校学术创新能力的提高乃至世界一流大学的建设都具有重要的意义（中国高校人文社会科学信息网，2012）。

面对新形势、新任务、新要求，高等教育发展模式必须进一步从规模扩张转向质量提升，加快世界一流大学的建设步伐，提高高校的学术创新能力。

对于我国目前的学术评价制度，学术界一直不乏反思、批判的声音，也有一些理论性探讨和基于国际经验的比较研究。针对现实中我国高校普遍采用极端的量化评估模式即简单的"数数",兼顾所发表文章的层次(如期刊级别)及影响(如被引次数),同行评议在学术评价中的作用没有得到充分发挥的现象,北京大学教育学院陈洪捷、沈文钦(2012)认为我国建立以质量和创新为导向的学术评价机制迫在眉睫,为此应该超越量化模式,而不是完全抛弃量化手段。

提高高校学术创新能力的途径除了增加投入、改善硬件设施、引进优秀人才、加强国际交流等之外,学术评价机制所发挥的作用是非常关键的。以卓越为导向的科研评估体制成为英国卓越研究能力提升的"指挥棒"和"指向标"。大学卓越研究、多元可持续性的融资渠道、卓越取向的科研评估体制以及国际科研合作等多维逻辑因素的螺旋式融合共同促生了英国学术研究卓越(武学超,2012)。

那么,英国科研评估制度的卓越研究框架(REF)对科研评估活动(RAE)有哪些创新与超越之处?该制度对于我国的学术评价机制创新、建设创新型国家有哪些借鉴意义呢?

三、英国科研评估制度对改进我国高校评估的启示

诞生于20世纪80年代的英国科研评估活动(RAE)、2014年将要实施的卓越研究框架(REF),对于克服目前我国高等教育评估中存在的管评不分、重数量轻质量、重形式轻内容等突出问题具有重要的启示与借鉴意义。

(一)建立非官方中介评估机构

英国科研评估是由英格兰、苏格兰、威尔士高等教育基金委员会和北爱尔兰就业与学习部组织实施的,而这些机构是独立于政府教育部门的非官方中介机构,成为高校和政府之间的"缓冲器"。利用中介机构进行科研评估,可以在政府、高校等利益相关者之间保持某种程度上的"超然"地位,使得科研评估结果更加公平。

教育部新出台的《意见》倡导要完善以同行专家评议为主的评价机制，在突出专家与同行在科研评价中的主导地位的同时，要积极探索政府、社会组织、公众等相应研究成果受益者参与的评价机制。在我国目前权威社会中介机构不太健全的情况下，已有的社会中介评估组织应增强自身的权威性和公正性，建立一支以评估专家为核心的结构合理的评估专家队伍；同时要树立主动服务的意识，以高质量的评估来赢得政府、高校和社会的信任，为自身赢得评估"市场"（康宏，2006）。

（二）对不同层次的大学进行分类管理与评估

英国将教学评估与科研评估分开进行，在进行教学水平评估的同时也进行研究水平评估，并将国家的资助拨款与两项评估结果联系起来，促使各高校准确地定位自己的类型。而我国已有的本科教学工作评估（包括合格评估、优秀评估、随机性评估、水平评估）虽然已经进行了十多年，但是并没有对高等学校的科研水平进行过评估。这就导致我国高校在发展过程中出现了严重的同质化倾向，主要表现是学科设置趋同，以及片面追求成为研究型大学等。

教育部新出台的《意见》倡导：要针对人员、项目、机构、成果等不同评价对象，不同的学科领域，基础研究和应用对策研究等不同研究类型，论文、著作、教材、研究报告、普及读物、非纸质出版物等不同研究成果形式，建立健全符合各学科特点的分类评价标准体系。由于大众化高等教育的主要特征是多样化，所以对各类高校的评估，不应是一套而应是多套评估标准。这样每所高校都可以根据自身的主客观条件、优势和特点，在各自层次和类型中争创一流。

（三）成果评价的质量与数量并重

英国科研评估制度是为了提高英国高校的科学研究质量而创立的，并且在其实施的20多年内提高了英国科学在大多数领域里的研究质量。在对各高校提交的评估项目进行评审时，科研评估小组要求每位研究人员提交4篇代表作，这与教育部《意见》所倡导的"大力推进优秀成果和代表作评价"的做法在主旨上是相通的。

《意见》指出,要牢固树立科学的质量观,正确把握数量和质量的辩证关系,从根本上改变简单以成果数量评价人才、评价业绩的做法,将创新和质量导向贯穿于科研评价的各个环节、各个层面。首先,政府要发挥正确的引导作用,在学科评估和大学评估当中弱化数量导向。其次,在职称晋升和考评当中,院校和院系应当更加注重同行评议的意见,而不是简单的量化考核。应大力推进目前一些高校已经开展探索的"学术代表作"评价制度,进一步摈弃"重数量、轻质量"的观念。国内的部分高校确实已经在这方面迈出了可喜的一步,开始采取切实行动。例如,吉林大学校长李元元在 2011 年 12 月 15 日召开的"吉林大学科学技术大会"上表示,在"十二五"期间的科研成果评价改革过程中,学校将把质量和数量放到同等重要的位置,并逐步实现以质量为导向的学术和科研评价体系。

(四) 加强评估过程的公正公开性

英国科研评估在评估过程中充分彰显了公正公平的理念。评估是以学科而不是以院校为基础进行的,这就使得各所高校的所有学科都可以参加评估。高校能以自己的特色学科凸显自身优势,在一个较为平等的平台上接受评估。科研评估结果及相关经费的拨付过程均向社会公众公布,社会公众可以通过互联网在英国高等教育基金委员会的主页上查到全部评审材料及每个学科的具体评级。

而在我国以前的高等教育评估实践中,由于或隐或现地存在着大量利益冲突,所以直接影响着评估的公正性和客观性。随着我国市场经济体制的建立和不断完善,高等教育评估主体日益多元化(王战军,等,2004)。这就要求我们加强高等教育评估过程的公开化、透明化,以使各项评估工作得到社会更多的监督和支持,并提高评估工作的社会认知度。

(五) 不断追求创新与卓越

为了追求学术卓越,英国在几十年间不断探索、改革、创新科研评估的实施方式等制度安排。尽管美国的学术生产力举世瞩目，几乎在所有的研究领域占据着统治地位，但英国通过优化设计，创新学术评价机制，利用有限的资金投入，使其学术研究的诸多指标居于世界领先地位。

在知识经济时代，各国为掌握国际竞争主动，纷纷把深度开发人力资源、实现创新驱动发展作为战略选择。创新成为经济社会发展的主要驱动力，知识创新成为国家竞争力的核心要素。在这种大背景下，党的十八大提出了实施创新驱动的发展战略。针对我国学术创新能力不足，高等教育评估中存在的管评不分、重数量轻质量、重形式轻内容、极端量化手段与同行评议机制走样并存等突出问题，我们应该借鉴英国科研评估制度的成功之处，追求卓越、勇于创新，不断探索、完善我国的学术评价机制与高等教育评估制度，充分挖掘我国高校学术研究的优势潜能，大力提升高校的卓越研究能力，调动所有高校追求卓越研究的积极性，推动我国整体研究水平的提高，加快高等教育强国、创新型国家的建设进程。

第四节　英国研究型大学的学科发展经验及其对我国大学学科发展的启示

经过大量的文献整理、数据梳理及认真分析，笔者从英国一流大学的学科发展中总结出的经验及其对我国大学学科发展的启示主要包括以下几方面。

一、英国研究型大学学科发展经验及其对我国大学学科发展的启示

（一）确立学科发展重点，实现重点突破

纽卡斯尔大学英语语言与文学学院注重制定学科发展战略，将儿童文学和文学创作两个领域确定为创建世界一流的战略重点；学院的长期目标主要包括加强跨学科协作和国际交流以及探索成果传播的新方式等。

儿童文学中心通过出版大量的作品巩固其作为国际儿童文学研究中心的地位；文学创作是英语语言与文学学院发展最快的研究领域，并且学院乐意继续保持该势头，其中的一项重要举措是建立了北方作家中心。纽卡斯尔大学英语语言与文学学院在 2001 年科研评估中，英语语言与文学方向获得了 5 级，这比 1996 年的 3 级取得了显著的进步。所以学院获得的研究质量拨款也大幅度增加了。在 2008 年科研评估中，英语语言与文学方向 70% 的研究成果达到了国际优秀或者世界领先水平。

　　在学科发展中，大学尤其是研究型大学受到国家教育发展战略、学校长远发展目标、自身定位、传统学科优势与特色、现有研究力量、资源环境条件等因素的制约，总是面临着学科发展结构、发展重点的抉择等挑战。这就要求学校的领导者站在时代的潮头，根据国家的发展战略，立足自身的学科发展基础与优势，合理进行学科布局，选准学科发展重点，有所为有所不为，集中力量、办出特色，提高学校的整体学科水平。

（二）把握学科发展潮流，重新组合学系的研究群组

　　华威大学校方具有资助弱势学科的能力，而且化学系素来高瞻远瞩。华威大学早先坚决反对将"强大的财务权力下放到系"，大学校方能从来自各种渠道的收入中切下一部分，然后用切下来的资金进行交叉补贴，帮助在增加收入方面处于弱势的学科（伯顿·克拉克，2008）[6-7]。早在 1992 年化学系陷入发展困境之时，华威大学校方便开始对学系的组织结构进行零星调整。20 世纪 90 年代中期，化学系曾是全球最早预见到传统化学的三分法即有机化学、无机化学和物理化学并不能涵括化学的最新发展的学系之一。于是 1996 年科研评估之后，华威大学成立了一个外部专家小组，对化学等评级不高的学科进行评估。并且在生死存亡之际，听取了专家们的建议，决定把化学系保留下来。化学系内部也进行了一系列调整，制定了新的发展策略，把发展的重点集中在优势和新兴化学研究领域，这得到了大学的全力支持。在 2001 年科研评估周期内，华威大学从多方面对化学系进行了资助，包括师资配备、经费划拨等。化学

系制定并实施了一项高瞻远瞩的研究战略，即将学系的所有研究划分为三个非传统研究群组，即合成化学、计算化学和测量学。而合成化学群组又细分为生物有机化学、合成有机化学、金属有机化学等三个研究方向，计算化学群组又细分为凝相和分子轨道计算等两个研究方向，测量学群组又细分为物理化学、质谱学与化学物理学等两个研究方向。在2008年科研评估周期内，化学系的研究群组又进一步扩充为目前的五个，即合成化学、化学生物学、材料化学、物理化学－化学物理学和理论与计算化学。通过对比华威大学化学系2001年科研评估和2008年科研评估中的研究群组划分，笔者发现，RAE2008是在RAE2001原有研究群组的基础上，进行了重新整合。具体来说，保持原合成化学群组的名称不变，但其生物有机化学研究方向被整合为新的化学生物学群组；原测量学群组则剔除了质谱学，而成为新的物理化学－化学物理学群组；原计算化学群组拓展为理论与计算化学群组；而材料化学群组则可以视为RAE2008新增的研究群组。实践证明这些群组十分成功，在化学系创造了最佳的科研环境。每位研究者可以自由选择归属于哪个研究群组，也可以成为其他感兴趣群组的准成员。2005年以来，华威大学和化学系将科学计算、材料学、系统生物学和化学生物学确立为战略发展的重点，决心提升在核心化学领域的实力。上述所有这一切使得华威大学化学学科在RAE2001中获得了最高评级，在RAE2008中75%的研究成果达到了国际优秀。

无独有偶。曼彻斯特大学教育学院的研究群组也历经了较大的变化。在2001年科研评估周期内，教育学院教师所属的研究群组包括：教育支持和全纳教育，语言与文学，学习、教学与评估，管理与组织发展，个人与社会发展，职业、专业与终身学习。学院的教师们属于其中的一个或者几个研究群组。2001年以来，教育学院将学院的研究整合为三个主体领域，即学习、教学与评估，全纳教育与教育多样化，教育政策与领导力。学院未来的发展目标是继续努力，争取跻身顶级教育学院之列。为此教育学院制定了一套发展战略，侧重于理论研究，尽量从事能够对实践产生影响的政策研究。教育学院还采取了一系列重要措施来贯彻实施研究战略，由学院的研究委员会负责实施，对研究群组的工作进行管理、指导，征询教师们的需要，确立总体的研究重点，认真审查并评估研究休假申请，分配学系的研究资助。

在把握学科发展潮流，瞄准国际研究前沿的基础上，为了学科之间协同的需要，根据不同的研究目的，我国研究型大学应该借鉴英国大学的学科力量整合经验，重新整合学校的研究力量，组建不同的学术创新团队和研究群组，进行集团作战，力争实现重大学术突破，赶超世界先进水平。2012 年 4 月，教育部、财政部联合下发了《关于实施高等学校创新能力提升计划的意见》（教技〔2012〕6 号），决定实施"高等学校创新能力提升计划"（简称"2011 计划"）。"2011 计划"指出，要"引导和支持高等学校与各类创新力量开展深度合作"，当然高校内部的学科力量首先就要开展多种形式的深度合作。加大学科建设力度，特别是结构调整力度，拓展学科发展空间，促进学科交叉融合，深入研究国家重大战略需求和研究学科前沿课题，加快进入相关领域世界一流学科行列步伐，促进带动学校相关学科、新兴学科的跨越式发展。

（三）积极鼓励跨学科研究，培育新的学科生长点

曼彻斯特大学生物科学学院的研究工作是由大量交叉性的、主题研究群组开展的，且很多都是跨学科研究。生科院的很多研究主题都与其他学院的研究课题互相交叠，学院与之开展了跨学科协作。为了推进重要领域的跨学科研究，曼彻斯特大学建立了许多研究中心。生科院教师是很多研究中心的成员。

1996 年科研评估之后，为了尽快提高研究实力与水平，华威大学化学系制定了新的跨学科发展战略，并得到了大学的大力支持。化学系的研究委员会重视大型的跨群组合作及跨学科研究。学系积极与国内外大学及华威大学的其他院系进行密切合作，使跨学科研究工作卓有成效。化学系未来的战略规划仍然是继续加强跨学科研究。

　　第三次科技革命之后，随着电子计算机等新技术的应用，生产工具和机器设备等劳动资料的性质、结构、功能也发生了变化。自然科学不仅开始成为一个多层次的、综合性的有机统一体，而且由单一技术发展为高科技群，主导技术也发生了深刻的变化。一方面，由于大量边缘学科、交叉学科和综合学科的兴起，各门学科之间的联系日益紧密，在各分支学科不断深入和分化的同时，学科之间交叉、渗透、融合的趋势也在不断发展，从而使各门学科之间的间隙得以弥补。由于物质世界的复杂性，随着认识的深化，单一学科的发展已经不能解决所有的问题，各门学科之间的依赖性越来越强。如果说前两次科技革命实现了各学科内部综合的话，那么新科技革命则是对各学科进行综合，使自然科学成为一个有机的统一体。因而跨学科研究成为近来科学方法讨论的热点之一。近年来，一大批使用跨学科方法或从事跨学科研究与合作的科学家陆续获得诺贝尔奖，跨学科研究本身也体现了当代科学探索的一种新范型（刘潇霆，2006）。

　　可见，在如今的大科学时代，加强跨学科协作，积极从学科交叉中寻找新的学科生长点，是提升研究实力的重要一环。

二、英国研究型大学学科组织管理经验及其对我国大学学科发展的启示

（一）认真推行学术休假

　　除了加强研究管理工作，为学术人员争取尽可能多的研究时间之外，英国一流大学普遍推行了学术休假制度。一般每6—8学期，就可以申请到1学期时间的研究休假。这为学术人员的科学研究工作提供了充足的可自由支配的时间。

　　由于语言与文学研究对时间要求很高，所以纽卡斯尔大学英语语言与文学学院利用可自由支配的研究质量资助提供了大量研究休假。学院鼓励所有的研究活跃型人员申请内外部的学术休假，且每周有一天研究休息日。院长掌握着该笔资金，每名教师通常每6—8个学期就能申请到

1 学期时间的内部研究休假。由一个小型委员会来审核院内学术人员的研究休假申请，加上艺术与人文研究委员会的研究休假，研究者便可获得整整一年的休假时间。研究休假有利于撰写专著等长篇作品，与本领域的其他学者进行交流等。

与纽卡斯尔大学类似，华威大学也鼓励学术人员提高研究水平，为他们提供充足的研究休假（每 7 学期可以申请 1 学期的学术休假），并积极鼓励学术人员利用学术休假。另外，曼彻斯特大学教育学院也出台了学术休假制度，最长可以申请到六周时间。

1880 年由哈佛大学首创的学术休假制度是美国大学教师发展的一种重要制度形式，100 多年间，在西方发达国家的高校已经高度制度化。该制度要求高校和科研单位每隔一定年限，在全薪或减薪的情况下，允许研究者外出休整一年或稍短的时间。学术休假在提升教师教学水平、促进科研创新能力、提高教师队伍士气、缓解教师职业倦怠等方面具有明显功效。据 1989 年出版的《牛津英语词典》称：在 1880 年，哈佛学院的校长艾利奥特批准工作七年以上的教师可以休假，休假期间享有半薪。

《2002—2005 年全国人才队伍建设规划纲要》明确提出，要实施学术休假制度；教育部 2012 年 4 月印发实施的《关于全面提高高等教育质量的若干意见》中再次提到要建立教授、副教授学术休假制度。

近几年来，学术休假制度一直是国内众多高校议论的焦点，但一直未能实施开来。2012 年 4 月底，吉林大学在《吉林大学繁荣发展哲学社会科学行动计划（2011—2020）》的文件中，提出要实施哲学社会科学教师学术休假制度，引发舆论关注。该校计划每年遴选 20 位哲学社会科学教师进行全薪学术休假，休假期为一年。在学术休假期内，不参与学校学术评价（陈彬，2012）。

学术休假制度的提出，直指我国当前学术界的浮躁风气，它提倡教师潜心学术，产出创造性的学术成果。这在当前我国学术评价体系改革的大背景下是一次积极而有意义的探索，符合国家对高校教师培养的要求。

不过，21 世纪教育研究院副院长熊丙奇认为：当前，如果没有大学内部管理制度的改革，不切实推行学术自治、教授治学，只怕学术休假这样的好制度也难有生长的土壤（方莉，2012）。

（二）对年轻/新研究者加大支持力度

曼彻斯特理工大学分子生物学系为年轻学术人员和研究员开展了大规模的培训，提供了大量的支持项目，这些支持项目与大学的培训和支持方案并行不悖。在讲师和研究员事业刚起步时，分子生物学系对他们进行精心指导；为每个新教师都配备了一位高级指导者和一位高级顾问，帮助其制定职业规划并确立合适的目标，而且尽力排解年轻学术人员在职业生涯早期阶段的焦虑与烦恼。

曼彻斯特大学校方对年轻教师和新调入教师都要进行培训与指导，向他们提出全部岗位职责和绩效标准方面的建议。曼彻斯特大学生物科学学院的政策主任通过工作坊为新教师举行为期两年的专门培训，其培训主题包括资助申请的写法、资助团体运行方式、出版策略、与工商业界的合作、与人交流和实验室人员管理等。

曼彻斯特大学教育学院为了使新研究者融入整体的研究氛围之中，采取了两种途径：首先是建立了一套指导体系，为新研究者提供合理的建议与大力的支持；其次是出台了一项政策，保证新研究者在试用期内有充足的研究时间。

华威大学化学系的政策重点是甄别年轻的、优秀的学术人员，并将他们培育为"明日之星"。化学系 20 世纪 90 年代早期聘用的新学术人员，不少现已成长为国际一流的学者。以前聘用的研究员，有些现在已经晋升为讲师甚至教授，这便为研究人员提供了职业发展路径。这充分证明了重点扶持年轻教师和新教师政策的正确性。化学系的每位新学术人员都必须接受正规的入职培训；学系的大部分预算分配给了新教师，知名研究者们要做出表率，去争取外部资助；学系为每位新学术人员提供了自己的实验室、办公室和充足的、可自由使用的研究启动资金，用于购买专门设备；学系建立了指导系统，在试用期及其后，由高级学术人员对新教师进行鼓励，并提供反馈意见；新教师的教学工作量远低于平均工作量，仅为满工作量的1/3。

鉴于资深研究者往往容易从其他渠道获得研究资助，因此，在一定程度上纽卡斯尔大学英语语言与文学学院的研究休假注重向年轻教师倾斜。学院还出台了一系列支持新研究者的政策措施，以给予他们时间和资源去拓展研究兴趣并挖掘研究潜力。这些措施主要包括减少教学和/或管理工作，鼓励他们申请较长时间的休假以研究出重大成果，为其配备高级研究人员作为学术指导者等。这已成为学院支持年轻研究者并助他们获得学术声誉的途径之一。

研究型大学固然可以通过引进国际一流学者来提升学科的研究实力，但是重点扶持年轻研究者，采取多种政策措施保证他们的研究时间与经费，充分挖掘他们的学术潜力，减轻他们的管理与教学负担，为他们提供研究指导，将他们培育为未来的卓越学者，也是一条行之有效的道路。

"高等学校青年教师是高校教师队伍的重要力量，关系着高校发展的未来，关系着人才培养的未来，关系着教育事业的未来。"为了进一步加强高等学校青年教师队伍建设，2012 年 9 月 20 日，教育部、中央组织部、中央宣传部、国家发展改革委、财政部、人力资源和社会保障部联合下发了《关于加强高等学校青年教师队伍建设的意见》（教师〔2012〕10 号），提出了八条具体意见：提高青年教师思想政治素质和师德水平，健全青年教师选聘和人才储备机制，提升青年教师专业发展能力，完善优秀教师传帮带团队协作机制，造就青年学术英才和学科带头人，优化青年教师成长发展的制度环境，保障青年教师待遇和工作条件，加强青年教师队伍建设的组织领导。

笔者认为，为了造就青年学术英才和学科带头人，必须优化青年教师成长发展的制度环境，保障青年教师待遇和工作条件，提升青年教师专业发展能力。例如，高等学校要进一步完善符合青年教师特点的用人机制，保障青年教师合法权益，充分调动青年教师的积极性和创造性；

加强青年教师的教育教学能力培训，建立健全新教师岗前培训制度和每 5 年一周期的全员培训等制度。

近年来，许多国内高校纷纷进行了这方面的有益探索。论资排辈、职称难评、待遇不高、有名无实……这些曾经困扰广大高校青年教师的现实问题，正在逐步得到解决。

中国矿业大学实施了"启航计划"，遴选具有博士学位的优秀青年教师，在政策和经费上给予支持，促进成长；落实青年拔尖人才的破格晋升政策，每年为 35 岁以下青年教师单独设置教授岗位，设置不计学历不计资历的直接破格条件，从政策和机制上为优秀人才晋升提供保障。北京交通大学 2009 年实施"红果园双百人才培育计划"，至 2012 年已投入近 2000 万元，重点培养近 200 名优秀青年教师，在发放经费津贴的同时，在增加学术积累、搭建发展平台、组建科研团队等方面给予优先支持（吴晶，2012）。近几年来，对外经济贸易大学建立了"青年教师发展论坛"、"青年教师联谊会"、"青年教师沙龙"、"青年教师发展基金会"等组织，成为学校领导与青年教师沟通的桥梁，也是青年教师成长的助推器。近年来，浙江大学采取多项举措，创新青年教师培养模式，优化人才成长环境，有效促进师资队伍整体素质水平的提升。主要有四大举措：强化青年教师职业生涯指导，加大青年教师科研资助力度，推进青年教师国际化培养，完善青年教师考核评价体系（中华人民共和国教育部，2012）。

（三）注重研究生培养工作

纽卡斯尔大学英语语言与文学学院将研究生视为其研究文化中的关键因素，由专职研究生主管负责研究生工作。该主管主持师生研讨会，追踪学生的发展，负责研究生的内外部资助申请事宜。鉴于核心研究技能的重要性，学院设置并不断修订研究生必修模块课程。鼓励研究生参加学术会议，并提交论文。研究生不仅参与了教师们主办的所有会议，充当代表、主席和演讲者，而且也自己组织会议。

曼彻斯特大学教育学院规定所有一年级的博士生和哲学硕士生都要选修研究训练课程，并通过新生研讨课等形式使研究生融入学院的研究文化氛围中；鼓励、支持研究生参与学术会议，发表研究论文；每学年伊始，都要举行全院研究会议，使师生了解学院正在从事的研究情况；为研究生开设综合引导课，强化普通技能训练；为学生配备指导团队；要求所有学生在第一学年末提交研究计划。

针对近年来饱受诟病的研究生教育质量下降、"放羊式"培养等公众广泛关注的问题，教育部与许多高校纷纷采取了一系列举措，以提高研究生的培养质量。

2010 年 5 月，为加快提高我国博士研究生培养质量，加强拔尖创新人才培养，教育部经研究，决定设立博士研究生学术新人奖（以下简称学术新人奖），对学业成绩优异、科研创新潜力较大的优秀在读博士研究生进行资助。学术新人奖的设立目的是引导和激励广大博士研究生发奋学习，刻苦钻研，促使更多的优秀博士研究生投身高水平科学研究和创新研究，加快提升博士研究生的科研创新能力，全面提高博士研究生培养质量。学术新人奖每年评选一次。评选人数为当年全国博士研究生招收总数的 5% 左右；一次性资助每名获奖博士研究生 3 万—5 万元。

2007 年，武汉大学规定，从该年起，该校博士生导师多招一名博士生，就要相应每年多向所在学院上交 1000 元，即多招一名学生，导师要多付出 3000 元。学校希望以此提高研究生导师对学生培养工作的重视程度。

2009 年 1 月，为加强研究生教育工作和导师队伍建设，鼓励广大研究生指导教师教书育人、积极探索、不断创新，充分发挥导师在研究生教育中的作用和影响，不断提高研究生培养质量，对外经济贸易大学制定、出台了《对外经济贸易大学优秀研究生导师评选和奖励办法》。每年对近三年承担过研究生教学任务的在岗研究生导师进行一次评选，表彰那些在研究生教学、指导方面做出突出贡献的优秀研究生导师，每次评选奖励 10—15 人。对获奖教师颁发"对外经济贸易大学优秀研究生导师"荣誉证书和奖金。

在教育部出台了《高等学校哲学社会科学繁荣计划（2011—2020年)》之后，我国高校纷纷制订了相应的实施方案。2012 年 7 月，《对外经济贸易大学哲学社会科学繁荣计划（2011—2020)》发布。《计划》将"大力提高教育质量"作为学校主要任务之一，并旗帜鲜明地指出："坚持教书育人的大学本色，始终重视将科研优势转化为教学优势"，"以高质量的科研成果来带动教育质量的快速提升"；"大力推动学生参与学术研究，培养符合中国经济走向世界要求的精英人才，培养能够为繁荣发展哲学社会科学做出新贡献的接班人，将高等学校哲学社会科学的繁荣发展落实于人才培养的核心工作"。

（四）配置专职教学人员

研究型大学在创建世界一流的征程中，往往容易过于重视科学研究，从而忽视教学工作。所以，英国一流大学教学与科研并重的经验值得借鉴。尽管曼彻斯特大学生物科学学院是研究导向的单位，但是其研究和教学资金是相互独立的，这就保障了教学活动的卓有成效，在生物学院校评估中成绩优异。学院的师生比和教师的教学工作量适中，还聘用了专职教学人员——这些教师的晋升只以教学成绩为依据。而不是像我国很多高校无视自身的类型和层次，教师的职称评定都以发表学术论文和专著为关键依据。

不过，随着我国近年来加快了建设创新型国家的步伐，国家与高校共同着力，在教师分类设岗、分类管理和评价方面进行了积极的探索，积累了许多值得推广、借鉴的经验。

2012 年 8 月 20 日，国务院出台的《关于加强教师队伍建设的意见》（国发〔2012〕41 号）指出：要健全教师考核评价制度，根据不同类型教师的岗位职责和工作特点，完善高等学校教师分类管理和评价办法。

近年来，中国矿业大学深入实施人才强校战略，采取多项举措，取得明显成效。在教师岗位聘任中，分类设岗，设置教学型、科研型等不同类型的岗位，并增设自然科学研究系列岗位，为教师专业发展提供多种途径。浙江大学自 2010 年起实施教师岗位分类管理，按照教学科研并重岗、研究为主岗、教学为主岗、社会服务与技术推广岗、团队科研/教学岗等，探索教师多通道职业发展的人事管理体系。长安大学连续三年修订教师职务评审办法，将教师高级职务分为教学为主型、教学科研并重型和科研为主型三种类型，评审条件按类型单列，改革成果认定、评审要求，优化学科评委组成，初步建立了以创新和质量为导向的教师学术评价分类考核体系（国家教育发展研究中心，2012）。上海财经大学积极探索教师队伍建设的新模式，试点岗位分类管理，将教师岗位分为教学科研并重、教学为主和科研为主三类，为其提供不同的职业发展平台。

对致力于创建世界一流的中国研究型大学来说，借鉴、吸收高等教育强国英国大学的发展经验，可以使我们紧跟世界高等教育发展潮流，少走弯路，尽快使我国的高等教育与已经位居世界第二的经济总量相匹配。同时，没有一流的学科，就没有一流的大学。通过对英国"罗素联盟"成员纽卡斯尔大学英语语言与文学学院、华威大学化学系、曼彻斯特大学生物科学学院学科发展的案例分析，见微知著，我国高水平大学在建设中能够获得如下启示：研究型大学要从体制、机制和组织上切实支持科学研究，例如设立院系研究委员会和指导委员会等；制定学科发展战略，不能一味地对相对弱势的学科实行"末位淘汰"，而应该从国家、地区及大学学科整体发展的高度，保留并大力支持某些相当重要的弱势学科，还要为这些院系制定长远的发展战略，同时，相关院系要确定学科的战略发展重点，并对组织结构进行调整，尽力使其扁平化；注重院系层次的年度评估，定期对大学院系的财政预算和教师绩效进行严格评估，以发现并解决存在的问题；教学与科研并重，将教学与研究资金分开管理，设置专职教学人员，使教学与科研齐头并进，相互促进，相得益彰；在大科学时代，加强跨学科研究，寻找新的学科生长点；师资政策要向年轻教师和新教师倾斜，在资金分配和研究指导方面对之予以重点照顾，提携后进，整体提高研究质量，力争将他们培育为顶级学者；切实提高教学与服务工作水平，进一步加强教学、研究辅助机构与人员的服务意识和服务水平，竭力为教职员工提供"一站式"服务，尽可能为学术人员创造便于专心研究的条件，解除教师们的后顾之忧。

小　结

本章首先对英国三所一流大学三个学科的科研评估案例进行了分析，总结出了一些学科发展经验。本部分的主要结论是：尽管研究者的因素不容忽视，但是知识的因素在绝大多数学科的科研评级中发挥了决定性的作用；科研评估并没较好地实现评价并鼓励原创性科研成果的目的，从这个意义上来说，该制度仅仅实现了有限目标；大学学科组织在科研评估中一般都采用了"算计路径"的策略；大学学科组织中普遍出现了"研究管理文化"；尽管科研评估制度产生了很多负效应，带来了不少消极作用，但是该制度所发挥的积极作用仍然值得我们认真总结。

对创新与卓越的永恒追求是英国科研评估制度的典型特质。从某种意义上可以说，该制度变的是形式，不变的是对卓越与创新的永恒追求。英国科研评估制度对改进我国哲学社会科学评价的启示是：①建立非官方中介评估机构；②对不同层次的大学进行分类管理与评估；③成果评价的质量与数量并重；④加强评估过程的公正公开性；⑤不断追求创新与卓越。

英国研究型大学的学科发展经验及其对我国大学学科发展的启示是：①确立学科发展重点，实现重点突破；②把握学科发展潮流，重新整合学系的研究群组；③积极鼓励跨学科研究，培育新的学科生长点；④认真推行学术休假；⑤对年轻/新研究者加大支持力度；⑥注重研究生培养工作；⑦配置专职教学人员。

第七章　结束语

第一节　主要研究结论及启示

本书的核心研究问题是科研评估制度对大学学科发展的影响机制为何，以及科研评估制度是否实现了制度设计的初衷之一即评价并鼓励原创性的科研成果。笔者期冀通过该研究为我国大学的科研评估及学科发展提供可资借鉴的经验。

为了开展本研究，本书采用了文献法、历史法和案例法等研究方法，从新公共管理、历史制度主义和场域的视角，研究了科研评估制度的缘起与变迁，通过对英国三所一流大学三个学科的科研评估材料进行文本解读，分析了大学学科科研评级的决定性因素，考察了科研评估对原创性科研成果的评价情况，并探讨了科研评估对大学学科发展的具体影响及其机制。

一、英国科研评估制度的理论探讨

在新公共管理思潮的影响下，英国撒切尔政府奉行财政紧缩政策，同时，为了应对高等教育大众化的挑战，一向崇尚学术自治的英国大学不得不开始逐渐接受竞争性的科研经费分配制度。于是，科研评估制度

第
七
章

结
束
语

（RAE）于 20 世纪 80 年代中期的出现在某种程度上就成为一种"历史的必然"，同时也可以将之视为对当时英国经济领域市场化改革路径的依赖。

从 1986 年开始，英国科研评估活动共进行了六次。2008 年，英国科研评估来到改革的"关键节点"，此后新的卓越研究框架将取而代之。在 20 多年的实施过程中，科研评估产生了一些负效应，在某种程度上偏离了制度设计的原意，造成了该制度的扭曲。

英国政治、经济等场域是通过高等教育场域中的科研评估等制度对学科组织等大学行动者产生影响的，高等教育场域内的大学行动者占有的不同形式和数量的资本决定了他们之间权力的分配，划定了其在高等教育场域的位置。大学行动者拥有的各种资本在科研评估中可以互相转化，而且某种资本的优势又可以巩固其他资本的优势地位。

对创新与卓越的永恒追求是英国科研评估制度的典型特质。随着形势的变化及体制自身弊端的逐渐暴露，英国科研拨款机构从无到有，科研评估制度历经科研评估活动、卓越研究框架，不断进行探索、修正与完善，创新的脚步从未停止。这对于贯彻党的十八大及十八届三中全会所提出的实施创新驱动发展战略的要求，具有深刻的启示意义。

为了在科研评估活动中取得好成绩从而获取更多的科研经费，英国大学行动者纷纷加强研究管理工作并注重科研评估战略，以至于大学学科组织中普遍出现了"研究管理文化"。以提高科研成果质量及科研拨款使用效率为设计初衷的科研评估制度并没有较好地实现评价并鼓励原创性科学研究成果的目的。

英国科研评估制度对于我国高校评估的启示意义主要在于其所扮演的非官方中介机构的"缓冲器"角色，对大学进行分类管理与评估，成果评价的质量与数量并重，加强评估过程的公正公开性，以及不断追求创新与卓越等几方面。

二、英国研究型大学学科发展经验总结

英国研究型大学在促进学科发展方面的一些成功做法值得我国高校借鉴，例如：确立学科发展重点，实现重点突破；把握学科发展潮流，重新整合学系的研究群组；积极鼓励跨学科研究，培育新的学科生长点；认真推行学术休假；对年轻/新研究者加大支持力度；注重研究生培养工作；配置专职教学人员。

在学科发展中，研究型大学经常面临着学科发展结构、发展重点的抉择等挑战，只有立足自身的学科发展基础与优势，合理进行学科布局，选准学科发展重点，才能提高学校的整体学科水平。同时，把握学科发展潮流，整合学校的研究力量，加强跨学科协作，积极从学科交叉中寻找新的学科生长点，是大科学时代提升研究实力的重要一环。在提升教师教学科研能力、缓解职业倦怠方面，学术休假制度大有可为，但是要使该制度真正落到实处，发挥出应用的功效，还有赖于学术自治、教授治学的真正贯彻执行。青年学术英才和学科带头人的培养，需要优化其成长发展的制度环境，保证其研究时间与经费，充分挖掘他们的学术潜力，减轻其管理与教学负担，为他们提供研究指导。研究生作为高校重要的科研力量，必须进一步提高其教育质量，加强研究生导师队伍建设，为国家创新体系的构建贡献力量。积极探索教师分类设岗、分类管理和评价，对于教学为主类教师，应主要以学生培养质量为评价依据。

第二节　主要研究创新点、研究贡献、局限

一、主要研究创新点

在进入高等教育大众化阶段之后，中国高等教育也像世界各国一样开始更加关注质量及与之相关的问责制。目前国内已有的研究大多注重教学评估，而对于研究评估则涉猎不多，尤其是专门、系统的大学科研

评估理论方面的研究较少。至于大学评估对学科发展的影响研究则迄今为止还没有见到，从这个意义上来说，本书的研究具有较强的创新性。

本书选取英国科研评估制度对一流大学学科发展的影响作为研究的切入点，并将科研评估指标体系重新划分为知识、组织和研究者等三个维度。通过对大学学科的科研评估材料进行文本分析，笔者考察了英国科研评估对原创性科研成果的评价情况，并尝试从新公共管理、历史制度主义和场域等视角解释了科研评估的缘起与变迁以及对其大学学科组织的具体影响。

二、主要研究贡献

本书增进了国内的英国高等教育研究，探索了科研评估制度研究的新思路，深化了对英国科研评估制度的认识，并且尝试了从科研评估的视角研究大学学科发展的道路，为进一步的研究奠定了基础。

三、研究局限与下一步研究方向

由于个人能力的局限及其他种种原因，本书并没有尝试应用更多的研究方法来展开研究，而且选取的学科案例本可以更加丰富、更有层次感。同时，在研究资料的遴选等方面还需要进一步完善。

下一步可以尝试从其他视角对英国科研评估制度进行研究，例如行为主义、博弈论、系统理论等；在研究方法的选择上，可以更加多样化，例如采用文献计量法、德尔菲法、访谈法等；进一步拓宽研究范围，与更多国家进行横向对比，例如美国、德国、日本、法国与中国等。由于种种条件限制，这些研究只能在今后继续开展了。

参 考 文 献

中文部分

奥尔特加·加塞特.2001. 大学的使命 ［M］. 徐小洲，陈军，译. 杭州：浙江教育出版社.

包林静.2008. 英国高等教育财政拨款体制研究 ［D］. 桂林：广西师范大学.

包亚明.1997. 文化资本与社会炼金术：布尔迪厄访谈录 ［M］. 上海：上海人民出版社.

鲍嵘.2004. 高深学问与国家治理：1949—1954 中国大学课程政策与学科建制研究 ［D］. 厦门：厦门大学.

彼得·豪尔，罗斯玛丽·泰勒.2003. 政治科学与三个新制度主义 ［J］. 何俊智，译. 经济社会体制比较 （5）：20 – 29.

毕天云.2004. 布迪厄的"场域 – 惯习"论 ［J］. 学术探索 （1）：32 – 35.

伯顿·R. 克拉克.1994. 高等教育系统——学术组织的跨国研究 ［M］. 王承绪，徐辉，等，译. 杭州：杭州大学出版社.

伯顿·克拉克.2001a. 探究的场所——现代大学的科研和研究生教育 ［M］. 王承绪，等，译. 杭州：杭州大学出版社.

伯顿·克拉克.2001b. 高等教育新论：多学科的研究 ［M］. 王承绪，徐辉，等，译. 杭州：杭州大学出版社.

伯顿·克拉克.2001c. 研究生教育的科学研究基础 ［M］. 王承绪，译. 杭州：浙江教育出版社.

伯顿·克拉克.2008. 大学的持续变革：创业型大学新案例和新概念 ［M］. 王承绪，译. 北京：人民教育出版社.

布洛赫.1997. 法国农村史 ［M］. 余中先，张朋浩，车耳，译. 北京：商务印书馆.

曹正汉.2005. 观念如何塑造制度 ［M］. 上海：上海人民出版社.

常文磊.2009a. 学科问题研究综述 ［J］. 黑龙江高教研究 （1）：23 – 25.

常文磊.2009b. 英国科研评估制度国内外研究前沿 ［J］. 清华大学教育研究，30 （5）：89 – 95.

常文磊，齐晋杰.2010. 历史制度主义视域中的英国科研评估制度 ［J］. 现代教育管理（3）：116 – 120.

常文磊，王报平.2010. 新公共管理理论对英国高等教育改革与创新的影响 ［J］. 继续教育研究（1）：120 – 123.

常文磊，王报平，龙清涛.2009. 英国大学科研评估创新与发展的影响 ［J］. 大学：研究与评价（9）：70 – 75.

陈彬.2012. 学术休假何日"休"成正果？［EB/OL］.（2012 – 05 – 14）［2013 – 01 – 17］. http：//scitech. people. com. cn/GB/17877513. html.

陈洪捷.2006. 论高深知识与高等教育 ［J］. 北京大学教育评论（4）：2 – 8.

陈洪捷，沈文钦.2012. 学术评价：超越量化模式 ［EB/OL］.（2012 – 12 – 18）［2013 – 01 – 08］. http：//edu. gmw. cn/2012 – 12/18/content_ 6056909. htm.

陈家刚.2003. 全球化时代的新制度主义 ［J］. 马克思主义与现实（6）：15 – 21.

陈立轩.2007. 英国、美国、台湾高等教育评鉴制度之比较研究 ［D］. 台北：台湾师范大学.

陈天祥.2007. 新公共管理：效果及评价 ［J］. 中山大学学报：社会科学版（2）：71 – 77.

陈小爱，张洁平.2010. 中国医疗卫生体制改革的路径实质是对经济体制改革路径的依赖 ［J］. 经济与社会（2）：171 – 172.

陈学东.2004. 近代科学学科规训制度的生成与演化 ［D］. 太原：山西大学.

程妍.2009. 跨学科研究与研究型大学建设 ［D］. 合肥：中国科学技术大学.

程样国，韩艺.2005. 国际新公共管理浪潮与行政改革 ［M］. 北京：人民出版社.

戴维·G. 马希尔森.2001. 新公共管理及其批评家（上）［J］. 张庆东，译. 北京行政学院学报（1）：90 – 96.

戴维·斯沃茨.2006. 文化与权利——布尔迪厄的社会学 ［M］. 陶东风，译. 上海：上海译文出版社.

杜伟锦.2004. 高校科研评价现状与完善途径探析 ［J］. 高等教育研究，25（4）：61 – 64.

范文曜，马陆亭.2004. 国际视角下的高等教育质量评估与财政拨款 ［M］. 北京：教育科学出版社.

方莉.2012. 为学术休假制度叫好 ［EB/OL］.（2012 – 05 – 09）［2013 – 01 – 17］. http：//www. gmw. cn/xueshu/2012 – 05/09/content_ 4113396. htm.

菲利普·G. 阿特巴赫.2009. 高等教育变革的国际趋势 ［M］. 蒋凯，主译. 北京：北京大学出版社.

菲利普·柯尔库夫.2000. 新社会学 ［M］. 北京：社会科学文献出版社.

冯东梅，鲁艺.2008. 美国大学与中国大学评估的比较研究 ［J］. 现代教育科学：高教研究（4）：147 – 149.

冯烨，梁立明.2000. 世界科学中心转移的时空特征及学科层次析因（上）［J］. 科学学与科学技术管理，21（5）：4 – 8.

弗兰斯·F. 范富格特.2001. 国际高等教育政策比较研究 [M]. 王承绪,译. 杭州:
    浙江教育出版社.

付媛媛.2008. 英国高校科研评价研究 [D]. 上海:上海交通大学.

甘永涛.2007. 从新公共管理到多中心治理:兼容与超越——西方国家高等教育管理
    改革的路径、模式与启示 [J]. 中国高教研究 (5):34 - 36.

高耀丽.2006. 英国高等教育管理机制改革研究 [D]. 上海:华东师范大学.

宫留记.2007. 场域、惯习和资本:布迪厄与马克思在实践观上的不同视域 [J]. 河
    南大学学报:社会科学版,47 (3):76 - 80.

宫留记.2008. 论布迪厄的高等教育理论 [J]. 现代大学教育 (4):12 - 16.

顾丽娜,等.2007. 英国 RAE 对我国学科评估的启示 [J]. 教育探索 (11):48 - 49.

郭春荣.1996. 论科学研究促进学科发展 [J]. 科技管理研究 (4):40 - 42.

郭星华.2001. 城市居民相对剥夺感的实证研究 [J]. 中国人民大学学报 (3):
    71 - 78.

国家教育发展与政策研究中心.1987. 发达国家教育改革的动向和趋势 (第二集)
    [M]. 北京:人民教育出版社.

国家教育发展研究中心.2012. 现代大学制度改革试点进展综述 (二) [EB/OL].
    (2012 - 11 - 05) [2013 - 04 - 03]. http://www. moe. gov. cn/publicfiles/business/ht-
    mlfiles/moe/s6635/201211/144113. html.

赫尔穆特·沃尔曼.2004. 比较英德公共部门改革 [M]. 王锋,林震,方琳,译. 北
    京:北京大学出版社.

何俊志.2002. 结构、历史与行为——历史制度主义的分析范式 [J]. 国外社会科学
    (5):25 - 33.

何俊志.2003. 结构、历史与行为——历史制度主义对政治科学的重构 [D]. 上海:
    复旦大学.

贺利.2006. 英国高等教育质量外部保证体制变革研究 [D]. 上海:华东师范大学.

华勒斯坦,等.1999. 学科·知识·权力 [M]. 刘健芝,等,译. 北京:生活·读
    书·新知三联书店.

黄福涛.1998. 欧洲高等教育近代化:法、英、德近代高等教育制度的形成 [M]. 厦
    门:厦门大学出版社.

贾莉莉.2008. 基于学科的大学学术组织研究 [D]. 上海:华东师范大学.

姜亚洲.2012. 英国国家创新战略中的高校科研评估制度改革 [J]. 全球教育展望
    (8):51 - 55.

蒋国华,孙诚.2000. 一流大学与科学贡献 [J]. 高等教育研究 (2):65 - 68.

金顶兵.2005. 英国高等教育评估与质量保障机制:经验与启示 [J]. 教育研究 (1):
    76 - 81.

金顶兵,闵维方.2004. 论大学组织的分化与整合 [J]. 高等教育研究 (1):32 - 38.

参考文献

瞿葆奎，金含芬 . 1993. 英国教育改革 ［M］. 北京：人民教育出版社 .

阚阅 . 2009. 英国高等教育科研评估：政策、实践与反思 ［J］. 高等教育研究，30 (9)：104 – 109.

康宏 . 2006. 我国高等教育评估制度：回顾与展望 ［J］. 高教探索 (4)：20 – 23.

克罗戴特·拉法耶 . 2000. 组织社会学 ［M］. 安延，译 . 北京：社会科学文献出版社 .

孔寒冰 . 2001. 高等学校学术结构重建的动因 ［M］//胡建雄 . 学科组织创新 . 杭州：浙江大学出版社 .

蓝志勇 . 2003. 行政官僚与现代社会 ［M］. 广州：中山大学出版社 .

李春萍 . 2004. 学科制度下中国学术的演变：以北京大学为例 1898—1927 ［D］. 北京：北京大学 .

李方 . 2004. 现代教育研究方法论 ［M］. 广州：广东高等教育出版社 .

李俊 . 2004. 相对剥夺理论与弱势群体的心理疏导机制 ［J］. 社会科学 (4)：74 – 78.

李明忠 . 2008. 论高深知识与大学的制度安排 ［D］. 武汉：华中科技大学 .

李全生 . 2002. 布迪厄场域理论简析 ［J］. 烟台大学学报：哲学社会科学版，15 (2)：146 – 150.

李昕 . 2009. 中日大学教育质量标准比较分析 ［J］. 高教探索 (1)：28 – 31.

理查德·斯科特 . 2002. 组织理论 ［M］. 黄洋，等，译 . 北京：华夏出版社 .

梁淑红 . 2008a. 利益的博弈：英国高等教育大众化政策的制定过程研究 ［D］. 武汉：华中师范大学 .

梁淑红 . 2008b. 二战后影响英国高等教育政策制定的因素分析 ［J］. 比较教育研究 (9)：56 – 61.

刘生全 . 2006. 论教育场域 ［J］. 北京大学教育评论，4 (1)：78 – 91.

刘潇霆 . 当代跨学科性科学研究的"式"与"法" ［EB/OL］. (2006 – 03 – 28) ［2013 – 01 – 17］. http://theory.people.com.cn/GB/41038/4244208.html.

吕达，周满生 . 2004a. 当代外国教育改革著名文献（英国卷·第一册） ［G］. 北京：人民教育出版社 .

吕达，周满生 . 2004b. 当代外国教育改革著名文献（英国卷·第二册） ［G］. 北京：人民教育出版社 .

罗侃 . 2008. 英国高校科研评估研究 ［D］. 重庆：西南大学 .

马太·多冈 . 1995. 社会科学的分崩离析及各专业围绕着社会学的重新组合 ［J］. 刘瑞祥，译 . 国际社会科学杂志：中文版 (1)：37 – 54.

马维娜 . 2002. 局外生存：相遇在学校场域 ［D］. 南京：南京师范大学 .

马维娜 . 2004. 控制与悬置：学校场域中的权力运作（上） ［J］. 学科教育 (1)：1 – 7, 18.

毛锐 . 2005. 撒切尔政府私有化政策研究 ［M］. 北京：中国社会科学出版社 .

牛昆仑 . 2007. 盎格鲁 – 萨克逊国家新公共管理改革研究 ［D］. 长春：吉林大学 .

纽卡斯尔大学［EB/OL］.［2009 - 12 - 26］. http：//baike. baidu. com/view/144540. htm？fr = ala0＿ 1.

诺曼·K. 邓津, 伊冯娜·S. 林肯. 2007. 定性研究（第2卷）：策略与艺术［M］. 风笑天, 等, 译. 重庆：重庆大学出版社.

欧文·E. 休斯. 2001. 公共管理导论［M］. 彭和平, 周明德, 金竹青, 等, 译. 北京：中国人民大学出版社.

庞青山. 2004. 大学学科结构与学科制度研究［D］. 上海：华东师范大学.

皮埃尔·布迪厄. 2004. 国家精英——名牌大学与群体精神［M］. 杨亚平, 译. 北京：商务印书馆.

皮埃尔·布迪厄, 华康德. 1998. 实践与反思：反思社会学导论［M］. 李猛, 李康, 译. 北京：中央编译出版社.

邱均平, 等. 2009. 2009 年世界一流大学与科研机构学科竞争力评价的做法、特色与结果分析［J］. 评价与管理（2）：19 - 28.

裘克安. 1986. 牛津大学［M］. 长沙：湖南教育出版社.

沈红. 1995. 大学与科学技术的内在联系［J］. 科技导报（3）：40 - 43.

史静寰, 常文磊. 2010. 英国高等教育场域与科研评估制度［J］. 外国教育研究（3）：56 - 60.

史秋衡. 2002. 论科学规范与大学科研评价［J］. 社会科学管理与评论（1）：47 - 51.

孙贵聪. 2003. 西方高等教育管理中的管理主义述评［J］. 比较教育研究（10）：67 - 71.

孙绵涛. 2004. 学科论［J］. 教育研究（6）：49 - 55.

汤浅光朝. 1979. 科学活动中心的转移［J］. 科学与哲学（2）：53 - 73.

唐纳德·肯尼迪. 2002. 学术责任［M］. 阎凤桥, 等, 译. 北京：新华出版社.

田凌辉. 2005. 利益关系的调整与重塑［D］. 上海：华东师范大学.

万可, 储祖旺. 2007. 竞争压迫：基于场域理论的高校弱势群体生成分析［J］. 江苏高教（6）：122 - 124.

万力维. 2005. 控制与分等：权力视角下的大学学科制度的理论研究［D］. 南京：南京师范大学.

汪利兵. 1994. 中英高等教育拨款机制比较研究［D］. 杭州：杭州大学.

汪利兵. 1995. 英国高校双重科研拨款制度述略［J］. 杭州大学学报（2）：80 - 86.

汪利兵, 等. 2005. 英国 RAE 大学科研评估制度及其对大学科研拨款的影响［J］. 高等教育研究（12）：93 - 97.

王承绪, 徐辉. 1992. 战后英国教育研究［M］. 南昌：江西教育出版社.

王骥. 2009. 论大学知识生产方式的演化［D］. 武汉：华中科技大学.

王来武. 2005. 英国高等教育机构的研究水平评估及其借鉴意义［J］. 比较教育研究（12）：68 - 72.

王璐，尤锐.2008.评估与竞争：英国高校科研拨款的基础与原则［J］.外国教育研究（2）：65-69.

王宁.2007.相对剥夺感：从横向到纵向——以城市退休老人对医疗保障体制转型的体验为例［J］.西北师大学报：社会科学版（4）：19-25.

王皖强.1997.撒切尔主义研究的几个问题［J］.世界历史（1）：84-94.

王皖强.1999.国家与市场：撒切尔主义研究［M］.长沙：湖南教育出版社.

王雁红.2005.英国政府绩效评估发展的回顾与反思［J］.唯实（6）：48-49.

王战军.2000.学位与研究生教育评估技术与实践［M］.北京：高等教育出版社.

王战军.2003.中国研究型大学建设与发展［M］.北京：高等教育出版社.

王战军，等.2004.中国高等教育评估实践的问题及对策［J］.清华大学教育研究（6）：60-66.

吴晶.2012.高校加强青年教师队伍建设工作：让能者居其位尽其才［EB/OL］.（2012-01-09）［2013-04-02］.http：//news.xinhuanet.com/edu/2012-01/09/c_111403106.htm.

武学超.2012.英国学术研究卓越的生成逻辑与启示［J］.中国高教研究（6）：22-26.

宣勇，等.2006."学科"考辨［J］.高等教育研究（4）：18-23.

阎凤桥.2006.大学组织与治理［M］.北京：同心出版社.

杨福禄.2006.关于历史制度主义［J］.山东师范大学学报：人文社会科学版，51（4）：8-12.

杨桂华.2009.哲学视域中的社会与教育［M］.北京：北京师范大学出版社.

杨明.2007.政府与市场——高等教育财政政策研究［M］.杭州：浙江教育出版社.

杨善华.1999.当代西方社会学理论［M］.北京：北京大学出版社.

杨天平.2004.学科概念的沿演与指谓［J］.大学教育科学（1）：13-15.

于显洋.2001.组织社会学［M］.北京：中国人民大学出版社.

余竹郁.2006.大学分类与评鉴［D］.新竹：台湾交通大学.

约翰·范德格拉夫，等.1989.学术权力——七国高等教育管理体制比较［M］.王承绪，等，译.杭州：浙江教育出版社.

约翰·亨利·纽曼.2001.大学的理想［M］.徐辉，等，译.杭州：浙江教育出版社.

翟亚军.2007.大学学科建设模式研究［D］.合肥：中国科学技术大学.

湛毅青.2006.英国政府对大学科研的资助体系［J］.比较教育研究（7）：58-62.

张成福.2001.公共行政的管理主义：反思与批判［J］.中国人民大学学报（1）：15-21.

张建新.2006.高等教育体制变迁研究——英国高等教育从二元制向一元制转变探析［M］.北京：教育科学出版社.

张俊超.2008.大学场域的游离部落——研究型大学青年教师发展现状及应对策略研

究［D］. 武汉：华中科技大学.

张瑞璠，王承绪. 1997. 中外教育比较史纲（现代卷）［M］. 济南：山东教育出版社.

张洋，朱少强. 2010. 高校科研评价中的教学促进因素［J］. 高教发展与评估（1）：54－60，64.

赵成根. 2007. 新公共管理改革：不断塑造新的平衡［M］. 北京：北京大学出版社.

赵景来. 2001. 新公共管理若干问题研究综述［J］. 国家行政学院学报（5）：72－77.

中华人民共和国教育部. 2012. 浙江大学四大举措助推青年教师成长成才［EB/OL］.（2012－03－31）［2013－04－03］. http：//www. moe. gov. cn/publicfiles/business/htmlfiles/moe/s6995/201204/133616. html.

中华人民共和国科学技术部. 2011. 英国将对大学科研评价制度进行重要调整［EB/OL］.（2011－03－23）［2013－03－22］. http：//www. most. gov. cn/gnwkjdt/201103/t20110322_ 85547. htm.

周光礼，吴越. 2009. 我国高校专业设置 60 年回顾与反思［J］. 高等工程教育研究（5）：62－75.

周玲. 2006. 大学组织冲突研究［D］. 上海：华东师范大学.

周湘林. 2010. 中国高校问责制 60 年：新制度主义视角的透视［J］. 现代大学教育（1）：27－36.

周怡. 2004. 解读社会：文化与结构的路径［M］. 北京：社会科学文献出版社.

朱国华. 2004. 场域与实践：略论布迪厄的主要概念工具（下）［J］. 东南大学学报：哲学社会科学版，6（2）：41－45.

朱国云. 1997. 组织理论：历史与流派［M］. 南京：南京大学出版社.

朱镜人. 1997. 英国高等教育"大众化"述评［J］. 高等教育研究（6）：94－99.

卓越. 2004. 公共部门绩效管理［M］. 福州：福建人民出版社.

卓越. 2006. 英国新公共管理运动的理论与实践［J］. 新视野（6）：2－4.

邹晓东. 2003. 研究型大学学科组织创新研究［D］. 杭州：浙江大学.

英文部分

Alexander L. George, Andrew Bennett. 2005. Case studies and theory development in the social sciences［M］. Cambridge：The MIT Press.

Ameen Ali Talib. 1999. Simulations of the submission decision in the Research Assessment Exercise：The 'who' and 'where' decision［J］. Education Economics（1）：39－51.

Andreas Ask and Åke Grönlund. 2008. Implementation challenges：Competing structures when New Public Management meets eGovernment［M］// Electronic Government, 7th International

Conference, EGOV 2008, Turin, Italy, August 31 – September 5. Proceedings. pp. 25 – 36.

Bernard, G W. 2000. History and Research Assessment Exercises [J]. Oxford Review of Education, 26 (1): 95 – 106.

Blind Alley. 2001. New institutionalist explanations for institutional change: A note of caution [J]. Politics, 21 (2): 137 – 145.

Bourdieu, P. 1984. Distinction [M]. London: Routledge and Kegan Paul.

Bourdieu, P. 1986. The forms of capital [M] //J. GRichardson, ed. , Handbook of Theory and Research for the Sociology of Education. New York: Greenwood Press.

Dominic Orr. 2004. Research assessment as an instrument for steering higher education—A comparative study [J]. Journal of Higher Education Policy and Management, 26 (3): 345 – 362.

Ewan Ferlie, Christine Musselin, Gianluca Andresani. 2008. The steering of higher education systems: A public management perspective [J]. High Education, 56 (3): 325 – 348.

Evidence. 2000. The role of selectivity and the characteristics of excellence: A report to HEF-CE [R].

Evidence Ltd. 2002. Maintaining research excellence and volume: A report to the Funding Councils and Universities UK [R].

Evidence Ltd. 2005. Impact of selective funding of research in England, and the specific outcomes of HEFCE research funding [EB/OL]. [2009 – 04 – 06]. http: //www. hefce. ac. uk/pubs/rdreports/2005/rd21_ 05/rd21_ 05. doc.

Geuna, A and Martin, B. 2003. University research evaluation and funding: an international comparison [J]. Minerva, 41 (4): 277 – 304.

Gleave, M B, Harrison, C and Moss, R P. 1987. UGC research ratings: The bigger the better? [J]. Area (19): 163 – 166.

Goffrey Walford. 1987. Restructuring universities: Politics and power in the management of change [M]. London; New York: Croom Helm.

Gold, J R. 1993. Michelin comes to the academy [J]. Journal of Geography in higher education (11): 186 – 188.

Harold Silver. 2003. Higher education and opinion making in twentieth – century England [M]. University of Plymouth London · Portland, OR: Woburn Press.

Heather Eggins. 2003. Globalization and reform in higher education〔M〕. Buckingham：Society for Research into Higher Education & Open University Press.

HEFCE. 2000. RAE2001 Guidance on submissions〔EB/OL〕. (2000 – 09 – 15)〔2009 – 08 – 01〕. http：//www. rae. ac. uk/2001/pubs/2_ 99/section3. htm.

HEFCE. 2005a. Higher education in the United Kingdom〔EB/OL〕. (2005 – 02 – 20)〔2009 – 06 – 01〕. London：Northavon House, Coldharbour Lane, Bristol. http：//www. hefce. ac. uk/ pubs/hefce/2005/05_ 10/.

HEFCE. 2005b. RAE2008 Research Assessment Exercise：Guidance on submissions〔EB/OL〕. (2005 – 06 – 20)〔2009 – 10 – 08〕. http：//www. rae. ac. uk/pubs/2005/03/rae0305. doc.

HEFCE. 2006. RAE2008 Panel criteria and working methods：Panel D. 18〔EB/OL〕. (2006 – 01 – 20)〔2009 – 10 – 08〕. http：//www. rae. ac. uk/pubs/2006/01/docs/dall. pdf.

HEFCE. 2007a. Research Excellence Framework：Consultation on the assessment and funding of higher education research post – 2008〔EB/OL〕. (2007 – 11 – 08)〔2009 – 10 – 02〕. http：//www. hefce. ac. uk/pubs/hefce/2007/07_ 34/07_ 34. doc.

HEFCE. 2007b. Impact of quality – related (QR) funding for research in English higher education institutions〔EB/OL〕. (2007 – 01 – 20)〔2009 – 04 – 06〕. http：// www. hefce. ac. uk/pubs/rdreports/2007/rd01_ 07/rd01_ 07. doc.

HEFCE. 2008a. Recurrent grants for 2008 – 09〔EB/OL〕. (2008 – 03 – 30)〔2009 – 04 – 01〕. http：//www. hefce. ac. uk/pubs/hefce/2008/08_ 12/08_ 12. doc.

HEFCE. 2008b. Recurrent grants for 2008 – 09：Final allocations〔EB/OL〕. (2008 – 10 – 26)〔2009 – 06 – 08〕. 2008/40：4. http：//www. hefce. ac. uk/pubs/hefce/2008/08_ 40/08_ 40. doc.

HEFCE. 2009. Recurrent grants for 2009 – 10〔EB/OL〕. (2009 – 03 – 31)〔2009 – 05 – 04〕. http：//www. hefce. ac. uk/pubs/hefce/2009/09_ 08/09_ 08. doc.

HEFCE. 2010. Research Assessment Exercise 2008〔EB/OL〕. (2010 – 01 – 08)〔2010 – 01 – 20〕. http：//www. ls. manchester. ac. uk/about/.

HEFCE. 2011. REF2014. Assessment framework and guidance on submissions〔EB/OL〕. (2011 – 07 – 06)〔2013 – 01 – 01〕. http：//www. ref. ac. uk/pubs/2011 – 02/.

HEFCE. 2012. The timetable for the REF〔EB/OL〕. (2012 – 04 – 11)〔2013 – 01 – 08〕. http：//www. ref. ac. uk/timetable/.

参考文献

参考文献

Henk F. Moed. 2008. UK Research Assessment Exercises: Informed judgments on research quality or quantity? [J]. Scientometrics, 74 (1): 153 – 161.

HM Treasury. 2004. Science and innovation investment framework 2004 – 2014 [EB/OL]. (2004 – 07 – 04) [2009 – 12 – 03]. http: //news. bbc. co. uk/nol/shared/bsp/hi/pdfs/science_ innovation_ 120704. pdf.

House of Commons Science and Technology Committee. Research Assessment Exercise [EB/OL]. (2002 – 04 – 10) [2010 – 04 – 10]. http: //www. publications. parliament. uk/pa/cm200102/cmselect/cmsctech/507/50708. htm#n46.

Jessop B, et al. 1988. Thatcherism: A tale of two nations [M]. Cambridge: Polity Press.

Jim Taylor. 1995. A statistical analysis of the 1992 Research Assessment Exercise [J]. Journal of the Royal Statistical Society (2): 241 – 261.

JIPWG. 1994. Consultative report: Management statistics and performance indicators in higher education [R]. Higher Education Funding Council's Joint Performance Indicators Working Group, Higher Education Funding Councils, Bristol.

John Ikenberry G, et al. 1988. The State and American foreign economic policy [M]. Ithaca and London: Cornell University Press.

John Milliken and Gerry Colohan. 2004. Quality or control? Management in higher education [J]. Journal of Higher Education Policy and Management, 26 (3): 381 – 391.

Johnston, R J. 1994. Department size, institutional culture and research grade [J]. Area (26): 343 – 350.

Johnston, R J, Jones, K and Gould, M. 1995. Department size and research in English universities: Inter – university variations [J]. Quality in Higher Education (1): 41 – 47.

Kathleen Thelen and Sven Steinmo. 1992. Historical institutionalism in comparative politics [M] //Sven Steinmo, Kathleen Thelen, and Frank Longstreth, eds. , Structuring politics: Historical institutionalism in comparative analysis. Cambridge: Cambridge University Press.

Kavanagh, D. 1987. Thatcherism and the British politics: The end of the consensus? [M]. Oxford: Oxford University Press.

Keiko Yokoyama. 2006. The effect of the Research Assessment Exercise on organisational culture in English universities: Collegiality versus managerialism [J]. Tert Educ Manag, 12

(4): 311 – 322.

Mace, J. 2000. The RAE and university efficiency [J]. Higher Education Review, 32 (2): 17 – 35.

Malcolm Prowle, Eric Morgan. 2005. Financial management and control in higher education [M]. New York and London: Routledge.

Mary Henkel. 1999. The modernisation of research evaluation: The case of the UK [J]. Higher Education (1): 105 – 122.

Maurice Kogan and Stephen Hanney. 2000. Reforming higher education [M]. London: Jessica Kingsley Publishers.

Michael Shattock. 1994. The UGC and themanagement of British universities [M]. Buckingham: The Society for Research into Higher Education & Open University Press.

Monojit Chatterji, Paul Seaman. 2006. Research Assessment Exercise results and research funding in the United Kingdom: A comparative analysis [J]. Education Economics (3): 259 – 279.

Monojit Chatterji, Paul Seaman. 2007. Research Assessment Exercise results and research funding in the United Kingdom: A regional – territorial analysis [J]. Education Economics (1): 15 – 30.

Morgan, K J. 2004. The research assessment exercise in English universities, 2001 [J]. Higher Education, 48 (4): 461 – 482.

Morris, N. 2000. Science policy in action: Policy and the researcher [J]. Minerva, 38 (4): 425 – 451.

Pat Sikes. 2006. Working in a 'new' university: In the shadow of the Research Assessment Exercise? [J]. Studies in Higher Education, (5): 555 – 568.

Paul J. Curran. 2000. Competition in UK higher education: Competitive advantage in the Research Assessment Exercise and Porter's diamond model [J]. Higher Education Quarterly, 54 (4): 386 – 410.

Paul J. Curran. 2001. Competition in UK higher education: Applying Porter's diamond model to geography departments [J]. Studies in Higher Education, 26 (2): 223 – 251.

Paul Pierson. 1996. The path to European integration: A historical institutional analysis [J]. Comparative Political Studies, 29 (2): 123 – 163.

参
考
文
献

Paul Pierson. 2000. Increasing returns, path dependence, and the study of politics [J]. A-merican Political Science Review, 94 (2): 252 – 253.

Peter A. Hall and David Soskice. 2001. Variety of capitalism: The institutional foundations of comparative advantage [M]. New Work: Oxford University Press: Preface.

Research Assessment Exercise. 2002 [R]. http://www. publications. parliament. uk/pa/cm200102/cmselect/cmsctech/507/50702. htm.

Peter A. Hall, Rosemary C. R. Taylor. 1996. Political science and the three new institutional-ism [J]. Political Studies, XLIV: 936 – 957.

Peter Hall. 1986. Governing the economy: The politics of state intervention in Britain and France [M]. New York: Oxford University Press.

Peters. B. Guy. 1999. Institutional theory in political science: The new institutionalism [M]. London and New York: Wellington House.

Porter, M E. 1990. The competitive advantage of nations [M]. New York: The Free Press.

Porter, M E. 1995. Competitive advantage of nations [M]. In Foster, M and Davis, B, eds. , Regions at the crossroads: Strategy development, case studies for the new econo-my. Sydney : University College of Cape Breton Press.

Porter, M E. 1998. The competitive advantage of nations (with a new introduction by the au-thor) [M]. Basingstoke: Macmillan.

Roger Brown. 2004. Quality assurance in higher education the UK experience since 1992 [M]. London and New York: Routledge Falmer.

Rolfe, H. 2003. University strategy in an age of uncertainty: The effect of higher education funding on old and new universities [J]. Higher Education Quarterly, 57 (5): 24 – 47.

Rosemary Deem. 2006. Changing research perspectives on the management of higher educa-tion: Can research permeate the activities of manager – academics? [J]. Higher Education Quarterly, 60 (3): 203 – 228.

Science and Technology Facilities Council. 2008. Our history [EB/OL]. (2008 – 01 – 17) [2009 – 12 – 22]. http://www. stfc. ac. uk/About/Hist/history. aspx.

Sophia S. Philippidou, Klas Eric Soderquist, Gregory P. Prastacos. 2005. Towards New Public Management in Greek public organizations: Leadership vs. management, and the path to implementation [J]. Public Organization Review: A Global Journal, 4 (4): 317 – 337.

Stephen Sharp and Simon Coleman. 2005. Ratings in the Research Assessment Exercise 2001—The patterns of university status and panel membership ［J］. Higher Education Quarterly, 59 (2): 153 – 171.

Stephen Sharp. 2004. The Research Assessment Exercises 1992 – 2001: Patterns across time and subjects ⌊J⌋. Studies in Higher Education, 29 (2): 201 – 218.

Stewart, W A C. 1989. Higher Education in Postwar Britain ［M］. Basingstoke and London: The Macmillan Press LTD.

Ted Tapper and Brian Salter. 2004. Governance of higher education in Britain: The significance of the Research Assessment Exercises for the funding council model ［J］. Higher Education Quarterly, 58 (1): 4 – 30.

The Guardian. 2002. Fruitless exercise ［N］. (2002 – 01 – 15) ［2010 – 04 – 08］. http://www. guardian. co. uk/education/2002/jan/15/highereducation. researchassessmentexercise.

The Russell Group. 2010. Research at Russell Group universities ［EB/OL］. (2010 – 01 – 01) ［2010 – 01 – 02］. http://www. russellgroup. ac. uk/research/.

The University of Manchester Institute of Science &Technology. 2002. UOA – 14 Biological sciences. Research groups ［EB/OL］. (2002 – 05 – 24) ［2010 – 01 – 20］. http://www. rae. ac. uk/2001/submissions/Group. asp? route = 2&HESAInst = H – 0165&UoA = 14&Msub = Z.

The University of Manchester Institute of Science &Technology. 2003a. UOA – 14 Biological sciences. Summary of submission ［EB/OL］. (2003 – 10 – 17) ［2010 – 01 – 20］. http://www. rae. ac. uk/2001/submissions/Form. asp? Route = 2&HESAInst = H – 0165&UoA = 14&MSub = Z.

The University of Manchester Institute of Science &Technology. 2003b. UOA – 14 Biological sciences. RA0: Staff summary ［EB/OL］. (2003 – 10 – 17) ［2010 – 01 – 20］. http://www. rae. ac. uk/2001/submissions/RA0. asp? route = 2&HESAInst = H – 0165&UoA = 14&Msub = Z.

The University of Manchester Institute of Science &Technology. 2003c. UOA – 14 Biological sciences. RA4: Research income details ［EB/OL］. (2003 – 10 – 17) ［2010 – 01 – 20］. http://www. rae. ac. uk/2001/submissions/RA4. asp? route = 2&HESAInst = H – 0165&UoA = 14&Msub = Z.

The University of Manchester Institute of Science &Technology. 2003d. UOA – 14 Biological sciences. RA3a：Research student details ［EB/OL］. （2003 – 10 – 17）［2010 – 01 – 20］. http：//www. rae. ac. uk/2001/submissions/RA3a. asp? route = 2&HESAInst = H – 0165&UoA = 14& Msub = Z.

The University of Manchester Institute of Science &Technology. 2003e. UOA – 14 Biological sciences. RA5a：Structure, environment and staffing policy ［EB/OL］. （2003 – 10 – 17）［2010 – 01 – 20］. http：//www. rae. ac. uk/2001/submissions/Textform. asp? route = 2&HESAInst = H – 0165&UoA = 14&Msub = Z&Form = RA5a.

The Victoria University of Manchester. 2002. UOA – 14 Biological sciences. Research groups ［EB/OL］. （2002 – 05 – 24）［2010 – 01 – 20］. http：//www. rae. ac. uk/2001/submissions/Group. asp? route = 2&HESAInst = H – 0153&UoA = 14&Msub = Z.

The Victoria University of Manchester. 2003a. UOA – 14 Biological sciences. Summary of submission ［EB/OL］. （2003 – 10 – 17）［2010 – 01 – 20］. http：//www. rae. ac. uk/2001/submissions/Form. asp? Route = 2&HESAInst = H – 0153&UoA = 14&MSub = Z.

The Victoria University of Manchester. 2003b. UOA – 14 Biological sciences. RA0：Staff summary ［EB/OL］. （2003 – 10 – 17）［2010 – 01 – 20］. http：//www. rae. ac. uk/2001/submissions/RA0. asp? route = 2&HESAInst = H – 0153&UoA = 14& Msub = Z.

The Victoria University of Manchester. 2003c. UOA – 14 Biological sciences. RA4：Research income details ［EB/OL］. （2003 – 10 – 17）［2010 – 01 – 20］. http：//www. rae. ac. uk/2001/submissions/RA4. asp? route = 2&HESAInst = H – 0153&UoA = 14& Msub = Z.

The Victoria University of Manchester. 2003d. UOA – 14 Biological sciences. RA3a：Research student details ［EB/OL］. （2003 – 10 – 17）［2010 – 01 – 20］. http：//www. rae. ac. uk/2001/submissions/RA3a. asp? route = 2&HESAInst = H – 0153&UoA = 14&Msub = Z.

The Victoria University of Manchester. 2003e. UOA – 14 Biological sciences. RA5a：Structure, environment and staffing policy ［EB/OL］. （2003 – 10 – 17）［2010 – 01 – 20］. http：//www. rae. ac. uk/2001/submissions/Textform. asp? route = 2&HESAInst = H – 0153&UoA = 14&Msub = Z&Form = RA5a.

University of Manchester. 2002. UOA68 – Education. Research Groups ［EB/OL］. （2002 – 05 – 24）［2010 – 01 – 10］. http：//www. rae. ac. uk/2001/submissions/Group. asp? route = 2&HESAInst = H – 0153&UoA = 68& Msub = Z.

University of Manchester. 2003a. UOA – 14 Biological sciences. Summary of submission ［EB/OL］. （2003 – 10 – 17） ［2010 – 01 – 20］. http：//www. rae. ac. uk/2001/submissions/Form. asp？Route = 2&HESAInst = H – 0165&UoA = 14&MSub = Z.

University of Manchester. 2003b. Summary ［EB/OL］. （2003 – 10 – 17） ［2010 – 01 – 20］. http：//www. rae. ac. uk/submissions/submission. aspx？id = 163&type = hei&subid = 3235.

University of Manchester. 2003c. Summary of submission ［EB/OL］. （2003 – 10 – 17） ［2010 – 01 – 10］. http：//www. rae. ac. uk/2001/submissions/Form. asp？Route = 2&HESAInst = H – 0153&UoA = 68&MSub = Z.

University of Manchester. 2003d. UOA68 – Education. RA0：Staff summary ［EB/OL］. （2003 – 10 – 17） ［2010 – 01 – 10］. http：//www. rae. ac. uk/2001/submissions/RA0. asp？route = 2&HESAInst = H – 0153&UoA = 68& Msub = Z.

University of Manchester. 2003e. UOA68 – Education. RA3a：Research students details ［EB/OL］. （2003 – 10 – 17） ［2010 – 01 – 10］. http：//www. rae. ac. uk/2001/submissions/RA3a. asp？route = 2&HESAInst = H – 0153&UoA = 68&Msub = Z.

University of Manchester. 2003f. UOA68 – Education. RA5a：Structure，environment and staffing policy ［EB/OL］. （2003 – 10 – 17） ［2010 – 01 – 10］. http：//www. rae. ac. uk/2001/submissions/Textform. asp？route = 2&HESAInst = H – 0153&UoA = 68&Msub = Z&Form = RA5a.

University of Manchester. 2003g. UOA68 – Education. RA6a：Additional observations，evidence of esteem ［EB/OL］. （2003 – 10 – 17） ［2010 – 01 – 10］. http：//www. rae. ac. uk/2001/submissions/Textform. asp？route = 2&HESAInst = H – 0153&UoA = 68&Msub = Z&Form = RA6a.

University of Manchester. 2009a. UOA – 14 Biological sciences. Quality profile ［EB/OL］. （2009 – 04 – 30） ［2010 – 01 – 20］. http：//www. rae. ac. uk/submissions/submission. aspx？id = 14&type = uoa&subid = 3235.

University of Manchester. 2009b. UOA – 14 Biological sciences. Research groups ［EB/OL］. （2009 – 04 – 30） ［2010 – 01 – 20］. http：//www. rae. ac. uk/submissions/research-Groups. aspx？id = 14&type = uoa&subid = 3235.

University of Manchester. 2009c. UOA – 14 Biological sciences. RA0：Overall staff summary

[EB/OL]. (2009 – 04 – 30) [2010 – 01 – 20]. http://www. rae. ac. uk/submissions/ra0. aspx? id = 163&type = hei&subid = 323.

University of Manchester. 2009d. UOA – 14 Biological sciences. RA3a：Research students [EB/OL]. (2009 – 04 – 30) [2010 – 01 – 20]. http://www. rae. ac. uk/submissions/ra3a. aspx? id = 163&type = hei&subid = 3235.

University of Manchester. 2009e. UOA – 14 Biological sciences. RA3b：Research studentships [EB/OL]. (2009 – 04 – 30) [2010 – 01 – 20]. http://www. rae. ac. uk/submissions/ra3b. aspx? id = 163&type = hei&subid = 3235.

University of Manchester. 2009f. UOA – 14 Biological sciences. RA4：Research income [EB/OL]. (2009 – 04 – 30) [2010 – 01 – 20]. http://www. rae. ac. uk/submissions/ra4. aspx? id = 163&type = hei&subid = 3235.

University of Manchester. 2009g. UOA – 14 Biological sciences. RA5a：Research environment and esteem [EB/OL]. (2009 – 04 – 30) [2010 – 01 – 20]. http://www. rae. ac. uk/submissions/ra5a. aspx? id = 14&type = uoa&subid = 3235.

University of Manchester. 2009h. UOA45 – Education. Quality profile[EB/OL]. (2009 – 04 – 30) [2010 – 01 – 10]. http://www. rae. ac. uk/submissions/submission. aspx? id = 163&type = hei&subid = 3260.

University of Manchester. 2009i. UOA45 – Education. Summary [EB/OL]. (2009 – 04 – 30) [2010 – 01 – 10]. http://www. rae. ac. uk/submissions/submission. aspx? id = 163&type = hei&subid = 3260.

University of Manchester. 2009j. UOA45 – Education. RA0：Overall staff summary [EB/OL]. (2009 – 04 – 30) [2010 – 01 – 10]. http://www. rae. ac. uk/submissions/ra0. aspx? id = 163&type = hei&subid = 3260.

University of Manchester. 2009k. UOA45 – Education. RA5a：Research environment and esteem [EB/OL]. (2009 – 04 – 30) [2010 – 01 – 10]. http://www. rae. ac. uk/submissions/ra5a. aspx? id = 163&type = hei&subid = 3260.

University of Manchester. 2010a. Facts and figures 2009 [EB/OL]. (2010 – 01 – 01) [2010 – 01 – 20]. http://www. ls. manchester. ac. uk/about/.

University of Manchester. 2010b. Research Assessment Exercise 2008 [EB/OL]. (2010 – 01 – 01) [2010 – 1 – 20]. http://www. ls. manchester. ac. uk/about/.

University of Manchester. 2010c. UOA45 – Education. RA4：Research income［EB/OL］. （2009 – 04 – 30）［2010 – 01 – 20］. http：//www. rae. ac. uk/submissions/ra4. aspx? id = 163&type = hei&subid = 3260.

University of Manchester. 2010d. UOA45 – Education. Research students［EB/OL］. （2009 – 04 – 30）［2010 – 01 – 10］. http：//www. rae. ac. uk/submissions/ra3a. aspx? id = 163& type = hei&subid = 3260.

University of Newcastle upon Tyne. 2003a. RA0：Staff summary［EB/OL］. （2003 – 10 – 17）［2009 – 09 – 10］. http：//www. rae. ac. uk/2001/submissions/RA0. asp? route = 1&HESAInst = H – 0154&UoA = 03&Msub = Z.

University of Newcastle upon Tyne. 2003b. UOA 50 – English Language and Literature. Structure, environment and staffing policy［EB/OL］. （2003 – 10 – 17）［2009 – 11 – 08］. http：//www. rae. ac. uk/2001/submissions/Form. asp? Route = 2&HESAInst = H – 0154&UoA = 50&MSub = Z.

University of Newcastle upon Tyne. 2003c. UOA 50 – English Language and Literature. Summary of submission［EB/OL］. （2003 – 10 – 17）［2010 – 01 – 20］. http：//www. rae. ac. uk/2001/submissions/Form. asp? Route = 2&HESAInst = H – 0154&UoA = 50&MSub = Z.

University of Newcastle upon Tyne. 2009a. Ahead 2010 – Profile and Annual Review［EB/OL］. （2009 – 03 – 09）［2010 – 01 – 01］. http：//www. ncl. ac. uk/documents/ahead 2010. pdf.

University of Newcastle upon Tyne. 2009b. UOA 50 – English Language and Literature. Quality profile［EB/OL］. （2009 – 04 – 30）［2010 – 01 – 20］. http：//www. rae. ac. uk/submissions/submission. aspx? id = 164&type = hei&subid = 3378.

University of Newcastle upon Tyne. 2009c. UOA 50 – English Language and Literature. RA3a：Research students［EB/OL］. （2009 – 04 – 30）［2010 – 01 – 20］. http：//www. rae. ac. uk/submissions/ra3a. aspx? id = 164&type = hei&subid = 3378.

University of Newcastle upon Tyne. 2009d. UOA 57 – English Language and Literature. RA4：Research income［EB/OL］. （2009 – 04 – 30）［2009 – 12 – 06］. http：//www. rae. ac. uk/submissions/submission. aspx? id = 164&type = hei&subid = 3378.

University of Newcastle upon Tyne. 2009e. UOA 57 – English Language and Literature. RA5a：

参考文献

Research environment and esteem [EB/OL]. (2009 – 04 – 30) [2009 – 12 – 06]. http：//www. rae. ac. uk/submissions/ra5a. aspx? id = 164&type = hei&subid = 3378.

University of Newcastle upon Tyne. 2010. Staff [EB/OL]. (2009 – 12 – 20) [2010 – 01 – 01]. http：//www. ncl. ac. uk/elll/staff/.

University of Warwick. 2002. UOA 18 – Chemestry. Research groups [EB/OL]. (2002 – 05 – 24) [2010 – 01 – 12]. http：//www. rae. ac. uk/2001/submissions/Group. asp? route = 2& HESAInst = H – 0163&UoA = 18&Msub = Z.

University of Warwick. 2003a. UOA 18 – Chemestry. Summary of submission [EB/OL]. (2003 – 10 – 17) [2010 – 01 – 12]. http：//www. rae. ac. uk/2001/submissions/Form. asp? Route = 2&HESAInst = H – 0163&UoA = 18&MSub = Z.

University of Warwick. 2003b. UOA 18 – Chemestry. Staff summary [EB/OL]. (2003 – 10 – 17) [2010 – 01 – 12]. http：//www. rae. ac. uk/2001/submissions/RA0. asp? route = 2&HESAInst = H – 0163&UoA = 18&Msub = Z.

University of Warwick. 2009a. UOA 18 – Chemestry. Quality profile [EB/OL]. (2009 – 04 – 30) [2010 – 01 – 10]. http：//www. rae. ac. uk/submissions/submission. aspx? id = 173&type = hei&subid = 2085.

University of Warwick. 2009b. UOA 18 – Chemestry. RA3a：Research student details [EB/OL]. (2009 – 04 – 30) [2010 – 01 – 12]. http：//www. rae. ac. uk/2001/submissions/RA3a. asp? route = 2&HESAInst = H – 0163&UoA = 18&Msub = Z.

University of Warwick. 2009c. UOA 18 – Chemestry. RA5a：Structure, environment and staffing policy [EB/OL]. (2009 – 04 – 30) [2010 – 01 – 12]. http：//www. rae. ac. uk/2001/submissions/Textform. asp? route = 2&HESAInst = H – 0163&UoA = 18&Msub = Z&Form = RA5a.

University of Warwick. 2009d. UOA 18 – Chemestry. RA3a：Research students [EB/OL]. (2009 – 04 – 30) [2010 – 01 – 10]. http：//www. rae. ac. uk/submissions/ra3a. aspx? id = 173&type = hei&subid = 2085.

University of Warwick. 2009e. UOA 18 – Chemestry. RA5a：Research environment and esteem [EB/OL]. (2009 – 04 – 30) [2010 – 01 – 10]. http：//www. rae. ac. uk/submissions/ra5a. aspx? id = 173&type = hei&subid = 2085.

University of Warwick. 2009f. UOA 18 – Chemestry. Summary [EB/OL]. (2009 – 04 – 30)

[2010 - 01 - 10]. http：//www. rae. ac. uk/submissions/submission. aspx？id = 173&type = hei&subid = 2085.

University of Warwick. 2009g. UOA 18 - Chemestry. RA0：Overall staff summary [EB/OL]. (2009 - 04 - 30) [2010 - 01 - 10]. http：//www. rae. ac. uk/submissions/ra0. aspx？ id = 173&type = hei&subid = 2085.

Unwin，D. 1993. Matthew writes again：Size and the RAE [J]. IBG Newsletter（20）： 7 - 8.

索　引

后　记

　　十一年真的是弹指一挥间。从 2003 年进入南京大学教育研究院攻读高等教育学硕士学位开始，及至今天为本书的出版撰写后记，整整过去了十一年。回想过去的点点滴滴，一幕幕恍若隔世，又觉犹如昨日。

　　37 年前出生于中原赊店古镇的农家子弟，从费孝通先生的"乡土中国"中一路走来，历经数不尽的坎坷、曲折，终于在高等教育研究领域获得了一个与各位专家、研究者砥砺学问、以书会友的机会。从当初怀揣文学梦、创办文学社，到精英教育体制下高考的复读；从攻读英语教育专业，到进入乡村高中、城市私立高中担任英语教师；为了研究我国教育领域的诸多问题、破解心中的疑问，辗转西安、郑州的考研辅导班，踏进"诚朴雄伟、励学敦行"的金陵百年名校，开始转行研究高等教育学专业；为了进一步深入钻研业已开始的教育学研究，从南京到北京，进入"自强不息、厚德载物"的清华园；经历了艰难困苦之后，终于破茧而出、化茧成蝶，最终在京师"博学、诚信、求索、笃行"的惠园继续前行……

　　一路行来，数不尽的酸甜苦辣，道不完的人间沧桑。在过去的 30 多年中，经历了太多的人生拐点，体验了无数的起起落落。在执着前行的道路上，有太多的缺憾，也有数不清的感动。要感谢的人真的太多太多，后面只能挂一漏万地重点带出几位。

梳理一下走上学术研究道路的轨迹，可以清晰地发现这样一个脉络：从教学实践中遇到的困厄开始，思考如何破解遇到的难题，于是产生了继续求学、深造的念头；而与教学高度相关的专业是教育学，该专业的指导性著作大都诞生在研究型大学，当然其著名学者也躬耕于斯；学问是一个很难拿起又不容易放下的奇异之物，当你进入学术的殿堂之后，摆在面前的道路只有一条，那就是披荆斩棘、风雨兼程、再苦再难也要继续前行，而且永远没有尽头。

2006年进入清华大学教育研究院，师从史静寰教授。史老师是一位严格的导师，有时候甚至到了严苛的地步，但她又是一位慈祥的长者。她的言传身教将使我终身受益。每次向史老师汇报研究进展或者与她讨论学术观点的时候，我都非常紧张，因为如果没有理论、观点或者方法创新的话，经常会被她批得体无完肤。任何的敷衍塞责与马虎大意，她都洞若观火。每每此时，我都觉得自己与导师的要求相差还很远，如果不从根本上进行自我改造，使自己脱胎换骨，是断然无法通过史老师这一关的。在博士论文的撰写过程中，史老师对我的要求更加严格，她在论文选题、框架构思以及行文写作的每个环节上都对我进行了认真、负责的指导，有时候甚至是字斟句酌，深刻体现出她对学术的严谨态度和对学生的严格要求。在此我深表谢意，衷心感谢导师的精心指导与大力扶持。

同时，导师也非常关心我们的日常生活，竭力排解我们所遇到的一切困难。她以自己的课题经费资助我们的学术研究，尤其在我们攻读博士的最后一年，在国家补助之外，她每月为我们提供几百元的生活补助。这笔钱并不算多，但是对于当时每月国家补助只有几百元的博士生们来说，无异于雪中送炭。在节假日时，史老师还经常邀请我们到她位于温榆河畔的家中做客，并且亲自下厨为我们烹制美味佳肴，或者与自己的家人、弟子们一起边烧烤边坐而论道，颇有点儿"炉边谈话"的味道……

不记得史老师对我有多少次耳提面命了，只记得从文南楼四楼资料室的每周师门读书会开始，在导师的鼓励及赵可师兄的启发、帮助下，我开始了长达两年的英国科研评估制度专题研究。以后与导师定期谈论研究的进展，从大学制度、大学组织到学科制度、学科发展，研究选题不断匡正、修改、聚焦，最后终于将博士论文的选题定位在英国科研评估制度对研究型大学的学科影响上。那么，核心研究问题是什么呢？在史老师的敲打、鞭策、鼓励、引导下，论文将英国科研评估是否实现了制度设计的初衷，即是否提高了英国科学研究的质量、是否促进了原创性的科学研究及该制度对研究型大学学科发展的影响等确定为核心研究问题。

　　确定了研究问题，下一步就是构建研究的理论框架和确定研究方法了。按照清华大学教育研究院的博士生培养制度的要求，每名博士生在开题之前须撰写三篇达到发表水平的学术论文，分别是文献述评篇、理论基础篇、研究方法篇——从而为撰写毕业论文搭好基本的骨架，并且须三篇学术论文提交给院学术委员会并审核通过后，才能进行毕业论文的开题答辩。在博士论文的撰写过程中，我先后十易其稿，才获得了参加院预答辩的资格。之后又顶住预答辩不很顺利的巨大压力，根据预答辩专家的意见，进行了几个月艰苦、认真的修改。在论文最后打印、送审之后，才稍微喘了口气。怀着惴惴不安的心情，等待了一个月左右，外审（包括匿名评审）和内审的七位专家意见才先后返回院里。忘不了2010年8月底答辩的那个下午，在答辩委员会主席王英杰教授宣布我通过答辩的那一刻，我真的再也忍不住了，泪水夺眶而出。回想几个月来寝不安席、食不甘味的艰难岁月，真的是脱了一层皮呀！如今苦尽甘来，怎不让人"漫卷'论文'喜欲狂"啊！

　　在这里，再次感谢参加我博士论文评审、答辩的各位专家，包括那些未曾谋面的匿名评审专家。正是你们对学术的孜孜以求、精益求精，才使得我的毕业论文及在其基础上进行修改、完善的本专著最终完成。同样还要将感谢送给教育科学出版社"教育博士文库"评审委员会、评审办公室的各位领导、专家与老师，以及责任编辑孔军老师。正是你们在这个物欲横流的时代，本着对纯净学术的殷切支持与对年轻后进的提携之心，大力支持、倾力资助本书，才使得本书最终付梓，获得求教于各位方家的宝贵机会。

不能忘却的还有我的硕士生导师龚放教授。龚老师是我学术研究的带路人，他的知识分子气质、上课时倔强而不凌乱的头发、威严而又不失和蔼可亲的微笑时时浮现在我眼前。来到北京后，我们的联系一直没有中断。在他与爱人杨老师来北京时，只要有空总要找我聊聊，时刻关心着我的学习与生活。龚老师还愉快地承担了我的博士论文评审工作，不远千里来到北京亲自参加了我的毕业答辩，给予我大量无私的帮助与适时的肯定与支持。在此我谨对龚老师道一声衷心的感谢。

在求学路上，良师非常可贵，然而益友同样是不可或缺的。在南京的时候，同寝室老大哥孟克对我关怀有加，在学习与生活上给予我莫大的帮助。毕业后我们也一直保持联系，互相鼓励。但愿老大哥早日学成毕业，拿到博士学位。同乡的张俊峰、李刚博士、王喜海博士，是我大学时的室友，也经常在一起读书、探讨。在北京，蓝劲松博士和我一直保持着亦师亦友的关系。我承担了他的新书《高等教育理念》（译著）其中一章的翻译工作。在周末闲暇的时候，我们会约上好友同登香山，郊游凤凰岭、大觉寺等名山古迹。张天舒博士、柳亮师弟、室友郑伟平博士经常与我一起去紫荆、桃李食堂吃饭，纵论天下、砥砺学问。感谢你们的一路相伴，四年的博士生活因你们而精彩，这段经历我将铭记终生。

感谢北京师范大学王英杰教授，北京航空航天大学雷庆教授，清华大学教育研究院谢维和教授、王孙禹教授、袁本涛教授、李越研究员、林健教授、叶赋贵副教授、李锋亮副教授、钟周老师、罗燕副教授、李曼丽副教授、王晓阳副教授、赵琳老师，以及清华教研院其他老师的热情帮助和支持！感谢清华教研院的各位同窗，尤其是赵可师兄、程明明博士、陈彬莉博士、张天舒博士、延建林博士、陈超博士、柳亮师弟、李明磊师弟、王德林博士、王纾博士、郭芳芳博士、范静波博士、雷环

后记

博士、孔钢城博士、刘帆、李佩泽、夏华、李一飞、许甜，他们在我研究的起步及推进阶段给予我大力支持，鼓舞我顺利完成了论文。另外还要感谢南京大学王运来教授、南京师范大学胡建华教授、杭州师范大学陈茂林博士、武汉工程大学刘丽芳博士、福州大学吴雪博士，以及一直给予我大力支持与全力帮助的对外经济贸易大学的单位领导与同事仇鸿伟研究员、王报平博士、武利博士。

感谢我的家人，没有他们的支持也不会有本研究的完成。我的父母没有多少文化，以前是地地道道的农民，他们给予我们最大的财富是永远给予子女以期望，一辈子都要奋斗不止。为了我们兄弟三人的求学，他们远去中心城市闯荡，一生辛劳，无怨无悔，将全部的心血都倾注在了我们身上。如今我们都学业小成，而他们却两手空空，落下一身的疾病。真是可怜天下父母心啊！不能不说的还有妻儿。为了我长达七年的连续求学，妻子宋建平牺牲了自己继续求学的机会，在家边工作边带孩子，承担了大部分家务，担当了大部分养家糊口的重任。特别需要指出的是，她每周的大学英语课程授课任务很重，多的时候每周二三十节。没有她，我很难完成学业。儿子常龙飞出生在我读硕士期间，他一向听话、懂事、聪明、乖巧。还在一岁多的时候，他就能够从我的硕士毕业照上认出我来，听到此消息的我感动得热泪盈眶。在我写作论文最艰难的时候，他的视频与照片总能给我莫大的慰藉与持久的动力。如今儿子已经上小学三年级了，我希望能够为他多做一些事，以弥补过去八年间对他的亏欠。

谢谢所有我提到与没有提到的师友、亲人，祝你们一生幸福、平安！

常文磊

2014 年 1 月 16 日

识于惠园

出 版 人　所广一
策划编辑　李　东
责任编辑　孔　军
版式设计　孙欢欢
责任校对　贾静芳
责任印制　曲凤玲

图书在版编目（CIP）数据

英国科研评估制度与大学学科发展/常文磊著. —
北京：教育科学出版社，2014.6
　（教育博士文库）
　ISBN 978 - 7 - 5041 - 8452 - 8

　Ⅰ . ①英…　Ⅱ . ①常…　Ⅲ . ①科学研究—评估—
制度—研究—英国　②高等学校—学科发展—研究—英国
Ⅳ . ①G325.61　②G649.561

中国版本图书馆 CIP 数据核字（2014）第 070082 号

教育博士文库
英国科研评估制度与大学学科发展
YINGGUO KEYAN PINGGU ZHIDU YU DAXUE XUEKE FAZHAN

出版发行	**教育科学出版社**		
社　　址	北京·朝阳区安慧北里安园甲 9 号	市场部电话	010 - 64989009
邮　　编	100101	编辑部电话	010 - 64981167
传　　真	010 - 64891796	网　　址	http://www.esph.com.cn
经　　销	各地新华书店		
制　　作	北京金奥都图文制作中心		
印　　刷	北京中科印刷有限公司		
开　　本	169 毫米 ×239 毫米　16 开	版　　次	2014 年 6 月第 1 版
印　　张	17	印　　次	2014 年 6 月第 1 次印刷
字　　数	221 千	定　　价	42.00 元

如有印装质量问题，请到所购图书销售部门联系调换。